U0917651

你要特别努力，才能特别幸运

包泽青 著

天津出版传媒集团
天津人民出版社

图书在版编目（CIP）数据

你要特别努力，才能特别幸运 / 包泽青著. -- 天津:
天津人民出版社, 2021.1
ISBN 978-7-201-16813-5

Ⅰ. ①你… Ⅱ. ①包… Ⅲ. ①成功心理—通俗读物
Ⅳ. ①B848.4-49

中国版本图书馆CIP数据核字（2020）第238059号

你要特别努力，才能特别幸运
NIYAO TEBIE NULI, CAINENG TEBIE XINGYUN

出　　版　天津人民出版社
出 版 人　刘　庆
地　　址　天津市和平区西康路35号康岳大厦
邮政编码　300051
邮购电话　（022）23332469
电子邮箱　reader@tjrmcbs.com

责任编辑　李　羚
出版策划　春风化雨
策划编辑　@屋里安_
装帧设计　末末美书

制版印刷　北京柯蓝博泰印务有限公司
经　　销　新华书店
开　　本　880×1230毫米　1/32
印　　张　9.5
字　　数　200千字
版次印次　2021年1月第1版　2021年1月第1次印刷
定　　价　39.80元

目　录
contents

Part1　愿你熬过深夜痛哭，醒来依然铿锵如故

Part2 梦想就要大胆去追寻，就算失败又何妨？

Part3 生活这件事，再难也别将就

Part4　别让自己只是看起来很努力

Part5　不要拿别人的地图找自己的路

Part6　后来我们什么都有了，但没了我们

Part1
愿你熬过深夜痛哭，醒来依然铿锵如故

二十六岁，
我的月薪只有三千元

01

前两天有一篇叫作《我三十六岁了，除了收费什么都不会》的文章刷爆了朋友圈，文章中的核心观点就是人千万不能在舒适区待太久，尤其是在这个瞬息万变、朝不保夕的年代。

文章中引用了《新华字典》中的一句话：“张华考上了北京大学；李萍进入了中等技术学校；我在百货公司当售货员：我们都有光明的前途。”

失去工作的收费站员工抱怨，自己把青春都奉献给了

这里，现在你却让我下岗！她不理解这个世界到底怎么了，为什么曾经让自己衣食无忧，甚至还有些骄傲感的一份工作，说被取代就被取代。

其实，这个世界的规则就是这样，它不需要被所有人理解，但却会把所有人都卷进浪潮中来，能适应，就留下；不适应，那么对不起，只能出局。

02

前两天发工资了，看了看账户中可怜的余额，很多周围的同事都在抱怨，为什么感觉每天都很辛苦，干那么多，却只挣这么一点儿钱。

当然，我也是其中的一员，我也曾愤愤不平。看着过去一起成长的一些朋友，在毕业后选择去大城市打拼，在当时看来并不稳定的行业里工作，结果现在已经月薪过万，甚至买车买房，我忍不住会想，是当时自己选错了吗？

前几天有一个读者在后台给我留言，和我说，自己很不喜欢目前干的工作，而且一个月也挣不了多少钱，感觉每天浑浑噩噩的，像是在虚度人生。

我没有回应，并不是因为我觉得没必要回复，只是真的不知道该如何回复。

我可以把我熟知的那些“鸡汤”抛给他，告诉他人生不只有苟且，还有诗和远方。但我知道这并不会让他的人生更好，甚至并不会让他的人生有那么一丝改变。

确切地说，我今年二十六岁，在一座三线城市工作，干着一份不知道未来在哪儿的工作，一个月只挣三千元。

我和你一样，也想知道答案在哪儿。

03

工作已经三年多，我不再和人谈论理想。

前两天去商场置办年货，想给自己买一件衣服，结果惊讶地发现，凡是能被称得上品牌的店铺，很少有价位在四位数以下的。

如果狠下心来去买，我知道接下来的一个月自己就只能“吃土”了。

最近有朋友问我，为什么看你好长时间不写文章了？我说：“我在学习专业课。”

在过去的一年里，我经常会因为自己写出一篇阅读量不错的文章就沾沾自喜，偶尔还会进入一种感觉自己无所不能的状态。

然而，当我从这个温暖的精神世界走出去后，看着那些贴在商品上冷冰冰的标签时，我就会被瞬间叫醒，年轻人，你该醒醒了。

很多时候，不是理想不美好，而是理想在这个时代被泛滥使用，随便扯出一个人来，都能和你谈上一整晚的理想，然后在最后默默加一句：“唉，可惜都没能实现啊。”

很多时候，不是理想太遥远。在这个恨不得把一切都拿来量化的商业社会，如果连把自己和家人安置好的能力都没有，再去泛泛地谈理想、价值，就是在飞蛾扑火。

所以，在这个时代，让自己变得更值钱一点儿，是我目前能想到的最好的理想。

04

罗振宇在跨年演讲里说过一段话，大意是：“在这场互联网革命里，我们绝大多数人都忽略了革命所带来的改变，所谓的革命不在意你愿不愿意上船，而是，不论你抗拒还是接受，你本来就已经在船上了。”

很多人怀念过去那个讲奉献、讲理想的时代，只是那个时代一去不复返。

是的，那个时代回不去了，历史的车轮不会因为你怎么想就停下来。

无论如何，我们都已经在这条船上了。

05

最近在读《黑天鹅》这本书，其中有一个观点值得分享。

它告诉我们：人在进行任何投资时，无论是金钱、时间，还是精力，都应该做哑铃式的分配，把百分之九十的资源用在你目前所处的专业领域上，把百分之十的资源用在可能让你瞬间爆发的事情上，千万不要把任何资源投放在中间区域，那会让你一无所获。

二十六岁，我的月薪只有三千元，可是我知道自己并不真的只值这个数。

于是，我只能选择另一种方式，把百分之九十的精力用在提高自己的专业性上，使自己足够稀缺，不让自己处在舒适区内浑浑度日。

此外，把剩下百分之十的精力用于写作，看看它会不会有朝一日成为那只黑天鹅。

二十六岁，月薪三千，不是你自怨自艾、怨天尤人的时候，而是你提高认知水平的时候。

谁不是在人前若无其事，却又在暗夜里独自挣扎

01

我有一个发小前段时间失恋了，难过得要死，只要给我打电话就会诉说自己的伤心往事。

我这个发小为人单纯，没什么坏心思，和人相处时总是先考虑对方的感受。他告诉我这是他第一次谈恋爱，在分手的那几天，每天晚上都以泪洗面。

我问他：“你难受成这样第二天怎么上班啊？”

他略带委屈地说道：“装得就像没事儿呗，能有什么办法？在北京你又不是不知道，人多肉少，稍微懈怠，你的岗位就被别人抢走了，所以白天面对同事不能有一点儿

情绪。”

我调侃他说：“没想到你小子还挺能沉住气啊，实在不行就趁早别在北京混了。”

他想了想说：“如果是在以前可能我就放弃了，但经历了这件事后，发现自己真的成长了不少，习惯了在职场上戴着面具装深沉、装冷静、装不在乎，也习惯了一个人坐在回家的地铁上时默默疗伤、挣扎，所以我觉得自己还能行。”

听到他的回答后，我欣慰了许多，也对他放心了许多。

是的，成长，就是一个把哭声慢慢调成静音的过程。

02

有人说，现代人的崩溃总是默不作声的，我们外表看起来很正常，也很平静，实际上心里已经受伤到一定程度了。

以前难过的时候，总是马上要找一个人陪我聊天，向对方吐苦水。

对方也很配合，一直在帮我想方法，用各种方式开导我，但是，对话结束后，我的难过并没有减退，我反而更加难过了。

到后来我慢慢懂了，所谓的感同身受根本就不存在。你难受、你兴奋、你哭、你笑、你悲、你喜，这些情绪是很难与别人分享的。

你开心时，对方未必会陪你开心；你痛苦时，更多的人可能是在看热闹。

于是在白天，在人群里，你要关闭你的情绪。你留给人们的印象，必须是遇事冷静、成熟的。你要让自己看起来像是个真正的大人。

然而我知道，这些面具，你在白天戴得越完美、越真实，当黑夜降临，你取下面具、面对那个真正的你时，你的内心就越挣扎。

03

我有一个朋友给我讲过一件发生在他们单位的事情。

他所在的单位是一家股份制银行，平时任务重，压力大，每天回到家以后基本上就是瘫倒在床上什么都不想做的状态。

他说在单位里有一位比他早两年入行的大哥，这位大哥永远是第一个来，最后一个走，可以说是优秀员工的代表。他遇事沉着，精通业务，面对压力时也没有任何抱怨，还经常请大家吃饭喝酒，没人觉得他能有什么事情过不去。

然而，有一天早上，这位大哥却没有像平常一样最早出现在单位，大家以为他病了，便也没多想。可领导着急了，因为如果是病了也得提前请假啊。

于是领导给他打电话，但一直没人接。

这回领导更着急了，于是便将电话打给了他的家人。这一打可不得了，领导放下电话后脸色惨白，大家都慌忙问发生什么事了，领导嘴角颤抖着说："昨天晚上他自杀了。"

当然，因为抢救及时，他的那位同事最终活了下来，身体也并无大碍。

原来这位同事因为工作压力过大早就患有抑郁症，但在工作时又不能表现出负面情绪，这反而加速了病情的恶化，最终险些酿成悲剧。

而那位同事具体是因为什么得上的抑郁症，我朋友也并不晓得。

其实，对于现代人来讲，谁的心理能做到百分之百健康？而那些在白天越是若无其事的人，你就越难想象实际上他们到底在承受些什么。

就像《无间道》里唱的："我们都在不断赶路忘记了出路，在失望中追求偶尔的满足。"

04

有人说：做一个"伪大人"好累。

是啊，有什么事情能比脱离本我，非要去做一个超我更累呢？可是说这句话的人中又有几个能按照自己的真性情去为人处世呢？大多数人不过是在茶余饭后抱怨抱怨而已。

你在工作中受到欺负，感情上遭遇挫折，你感到自己被束缚得太紧，想要挣脱，然后呢？

是去酒吧宿醉，还是拉一帮狐朋狗友去 KTV 嗨到天亮，抑或是像傻子一样在大街上哭喊？

这些事情看起来都很痛快，实际上却是借酒消愁愁更愁，那份狂欢过后的失落感会让你感到什么叫作狂欢是一群人的孤单。

做个大人好累，可不做，不光是很累，还会更加颓废。

05

在某些夜里，我会莫名其妙地失眠，不知道是什么原因，也没有想什么乱七八糟的事情，但就是睡不着。

失眠的时候，头脑会很清晰，是让人绝望的那种清晰。你去试各种入睡的方法，却依然睡不着，你便知道了，这是一个不眠之夜。

然而在失眠后的第二天，你会觉得整个人都不好了，你越是想着自己昨天一晚没睡，越是想在白天尽量多睡一会儿，而更绝望的事情越会发生——你更加睡不着。

我一度对这种状态很纠结，对失眠很恐惧，直到后来看了一篇文章的一段话后才慢慢改变。它说："据研究调查，失眠后第二天，人的精力与注意力并不会受到太大的影响，很多人觉得失眠痛苦更多的是被自己的心魔所困。你第一天晚上失眠了，你第二天就应该装作什么都没发生，正常作息，正常工作，正常吃饭，第二天晚上不困不睡。如此，你就能远离失眠带来的不良影响。"

后来我发现确实如此。虽然我偶尔还是失眠，但却不再纠结，第二天该干什么干什么，完全忘了失眠这回事，也没有其他不良反应，也就对失眠不再恐惧。

说了这么多，我其实想说，我们可能真的无法在生活中彻底地表现真我，所以也就必须要学会伪装，要去戴上那该死的面具，可你不该因此就给自己扣上沉重的心理压力。

同样，很多人也许和我一样，有时候，在很多黑夜里会莫名地感到心烦，当然也会因为一些事情感到纠结，但你要知道这些挣扎也是常态。

既然这些都不可避免，那就坦然面对，不足为外人道的那些，就自己留在心里，在黑夜中，慢慢消化。

因为我知道第二天，太阳照常升起，而你要装得像所有从没发生过一样，单枪匹马，独自行走。

年轻人，
请你再忍受一下

01

我们总在生活的旅途中羡慕他人的世界，却忘了与此同时自己也在被别人羡慕着。

前段时间和一个在北京工作的朋友聊天，她话语中略带倦意，透露出一种待不下去的感觉。

她说："一线城市有着它自身的魅力，譬如多元、有挑战性、越努力就挣得越多。但你知道吗？即使这样，我还是想说在这里我确实是没有生活的。晚上房子里跑出一只老鼠也得靠自己应付。"

我苦笑道：“看来这就是人们常说的，三线城市没梦想，一线城市没生活。”

是的，问题就在于我们可能并不知道自己想要什么，也就理所当然得不到。

02

这几年，人们对于琐碎的抱怨愈演愈烈。

琐碎意味着一切不好的东西：它是苟且，是诗和远方的对立面；它是一地鸡毛，消耗着一拨又一拨人的青春。

我一个发小之前在银行上班，对于每天无止境的任务、报告、报表实在忍无可忍，终于选择辞职。离职那天他发了条网红版的朋友圈：“世界这么大，我就想去看看！”

那段时间他应该活得很潇洒，去茶卡盐湖自驾游，紧接着又去西藏，一路上不断遇见有趣的灵魂……这样的生活，他大概持续了三个月，这三个月是无拘无束的，自由自在的，完全没有琐碎的。

上周我突然接到他的电话，他叫我和他一起健身，我逗他说：“世界这么大，这就看完了?”

他说：“别磨叽了，赶紧的，锻炼完还要回去加班呢。”

作家大冰在他的书里写过：

“一门心思朝九晚五去上班，买了车买了房又如何？一门心思辞职退学去流浪，从南极到北极又如何？真正厉害的人生应该是：既可以朝九晚五，又能够浪迹天涯。”

此言深得我心。

03

这个时代正在慢慢失去耐心，很多文章里写过，要想成为一个自律优秀的人，必须要懂得“延迟满足”，不少人都知道这一概念，但在真实的世界里却根本等不了。快递上午下单，恨不能下午就到；看连续剧太长受不了，还是十五秒的抖音刷起来爽；一篇稍有深度的千字文就读不进去，唯有段子能让人感到愉悦。

还有就是，深陷于钱不够花的强烈焦虑感中。

可能是当下年少成名又有钱的人越来越多，所以每当你走进一家书店，看到最多的就是类似于《教你如何一年内实现财务自由》《我工作一年挣了一千万》等这样标题的书，而且这些书都很畅销。

这样的书我也看过，但说实话真的很无感，里面的内容大多要不是鸡汤，要不就是马云、雷军、科比等人的励志故事，那些看似正确的大道理实际上说了等于没说。

我当然知道那些二十岁左右就赚到人生第一桶金的年轻人早早地就实现了财务自由。但这批人的成功并不是赶上了天上掉馅饼，中了彩票，而是正好踩在了当下的风口，之前又为此做足了准备。在此之前，他们知道这件事一定会让他们赚钱吗？未必。那么这件事一定是他们所热爱的事情吗？一定。

李笑来之前说过一句话：很多人一辈子都深陷于一个误区中，那就是心急火燎地随大流。想想也是，你看到别人炒股挣钱，于是就急着卖房炒股；你看到区块链厉害，就不顾一切地学习编程；你发现直播火了，于是马上辞职回家开摄像头当网红。

但结果呢？大多数贸入股市的人相约在了天台；一头扎进区块链的人其实连基本概念都没搞清；一冲动就想靠直播发家致富的人，最后发现他的观众只有他自己。

是的，人人都知道那句著名的话：站在风口上，猪都能飞起来。

可换句话说，如果人人都知道这是风口，那么风口还存在吗？

真正厉害的并不是那些一直能找到风口的人，而是在风口出现以前就已经默默努力了很久的人，你以为他靠的是运气，实际上他靠的是耐心。

机会永远都垂青于那些为热爱而付出耐心的人。

04

所以年轻人，请你再忍受一下。我们常常感到自己仿佛是笼子里的鸟，无数次想要挣脱，并渴望飞翔。

但在那之前，你依然要忍受，忍受你看不惯的生活和人，即使你明确地知道那不是你想要的；忍受日复一日的琐碎和重复，虽然它们看似离成长很远；忍受缺钱带来的窘迫，你还需要再耐心一点儿，用坚守去换一个明天。

有些鸟注定是关不住的，因为它们的羽毛太过鲜亮。

尽管寒门难出贵子，
但你仍要拼尽全力

01

每次路过彩票店的时候，我都会刻意朝里面看一下，过了这么久我发现不管一家彩票店开在哪里，时间有多晚，这里永远都不会沾上“冷清”二字，总是有那么多的人嗑着瓜子、喝着啤酒，与那些素昧平生的人瞎聊，每天等待着那似乎能改变他们命运的开盘结果。

现在假如这只幸运的转盘转到了你的头上，你中了一千万的大奖，在短暂的狂欢之后，你会怎样处理这笔钱？是拿去周游世界，还是存在银行里吃利息，抑或是买一幢一千平方米的大房子，在里面穷奢极欲？

当然，凭空就多出来一千万是一件再爽不过的事情，你会觉得你的命运从此就被改变了。

但可能事实结果并非如此，美国曾做过这样一项统计，对于那些生活在底层，却突然得到了一笔横财的人进行长期跟踪调查。结果令人惊讶的是，这些突然间得到了一笔意外之财的人，都在三到五年时间里将手里的钱挥霍殆尽，在过了几年看似风光的日子后又回到了从前穷困潦倒的状态。

原因为何？

说实话，我也曾不止一次做过中大奖的白日梦，幻想自己真要中了那么一大笔钱该怎样怎样。但是，现在即使真的给我一千万，我又能变得不一样在哪儿呢？

或许我会去世界各地旅行，但因为我地理知识的匮乏，缺少对每个国家风俗人情的了解，即使转了大半个地球，也可能一直是走马观花，并不能真正体验到旅行的价值。

或许我会很保守，把一千万全部存到银行里吃利息，但我的能力并没有因此而得到提高，我依然只能干朝九晚五的工作，改变的只有我生活的质量。

当我想过一下欧洲人贵族式的生活时，却尴尬地发现自己根本不懂红酒和咖啡，也不知道该去哪儿买好东西，真正做到了有钱没处花。

再或许，我去买一幢大房子，满足我的虚荣心。但是，当我要对这幢房子装修时，才发现自己对设计一无所知，结果装修出来的房子可能和现在住的一模一样，只不过空间变大了而已。

你看，我依然是那个我，不仅如此，这一笔额外的财富可能还徒增了我的烦恼，让我更加看不起自己。所谓能改变你命运的，永远不会是金钱，而是你的知识和格局。

02

罗振宇曾经在他的一期节目里讲到，现在，在美国和德国，阶级固化已经基本形成，也就是说，穷人越来越穷，富人越来越富，也就是所谓的“马太效应”已基本在这些国家形成。

但在中国，虽然现在也有阶层逐步分化的趋势，但给中下层人群上升的空间依然很大，也就是说你依然可以靠自己的本事和坚持冲破你现在身处的阶层。

如果你现在二十多岁，和我一样，过着朝九晚五的生活，月薪四千多，那么恭喜你，我们就是那部分身处于时代中低层的人，不管你愿不愿意接受。

可能你会讲，你这是在危言耸听，没看见中国有那么多农民？那么多连字都不识的人？当然，如果你非要这样比较，那么我只能说，农民现在每天都在不断学习新鲜知识，想方设法提高自己的工作效率，扩大生产，所以，你未必就比农民挣得多。

此外，现在那些不识字的人，大多数都是咱们父辈，甚至是再往上的一代人，他们不识字是因为当时历史的局限性。

但是，当他们那一代人渐渐老去甚至离去时，当时代的洪流慢慢把我们推到社会中央时，当零零后、一零后、二零后也慢慢长大，当你面对这样一群成长在科技信息大爆炸时代的人们时，你确定你现在拥有的知识和技能还能让你高枕无忧而不被淘汰吗？

也许这就是我们面临的现实，一切的存量都不再是资本，只有自身不断迭代与升级才能不被这一股接一股的浪潮淹没。

03

有一回和单位的同事聊天，她们在谈起现在中小学生的考试压力时说：“现在的小孩学习压力真是太大了，初中升高中的考试，一个班里竟然有三分之一的学生是以满分的成绩被录取的。”

听完之后，我真的是倒吸一口凉气，心想幸好没出生在这个年代，否则自己这样的学渣估计只有去新东方学厨师了。

之前听到过一个令人脑洞大开的理论：人类直到今天依然处在不断进化当中，这种差别可能现在看不明显，但在若干年后，人类可能就将完全变成另外一个物种。

我想这个结论或许是对的，因为你可以想象，即使是在十年前，我们上学时面对的压力也没有今天这般大，但是也有不少同学为了考出好成绩“头悬梁，锥刺股”，然而在我当时念书的中学（也算是市里顶尖的学校），一个考取满分的同学也没有，现在你可以去任意一个中学调研，及格率非常高。

这个结论告诉我们：因为移动互联网时代的到来，现在的小孩的学习能力或许真的已经远远超越了当初的我们。

在面对一个新知识或新事物时，我们也许会带着疑问甚至批判的态度。但他们不同，他们会带着饱满的热情，伸出双臂拥抱它们。而我们曾经学到的那些所谓的知识，或许人家早就玩儿腻了。

也许会有那么一天，他们眼中的我们会比现在我们眼中的长辈们更加迟钝和落伍，而等到那时，即使我们再想学习，也力不从心了。

所以，你以为岁月静好，实际上，一场没有硝烟的战争早已开始了。这是你与身边每一个人的竞赛，是你与这个时代的赛跑，你只能不顾一切地跑下去。

白天假装生活，
晚上认真熬夜

01

有段时间特别喜欢刷抖音，尤其是在夜晚。

有句话说得挺好，“抖音五分钟，人间三小时”。每个不到十五秒的视频，真的是太短了，短到我还没顾得上认真思考，就要迫不及待地翻开另一个视频。

我明知道这是套路，但还是被套路了。每当我揉揉酸困难忍的眼睛，再看已是凌晨三点的时钟，愧疚感就会油然而生：唉，又是一个不自律的夜晚。

可当我第二天下定决心说，我就看五分钟的抖音！于是这个五分钟又成了我不知不觉傻乐的三小时，一个夜晚又沦陷了。

我开始意识到，原来不是我在玩儿抖音，而是抖音在玩儿我。

于是我干脆卸载了它。

02

晚上不睡觉的理由有太多，刷朋友圈、微博、抖音，思考人生，追连续剧……

但我一直觉得这都不是真正的原因，表面上是因为手机里的诱惑太多，实在是放不下，实际上在这放不下的背后，却裹藏着这个时代带给我们的巨大空虚感。

当然，你也可以称之为孤独感。孤独感袭来时不分男女，也不在乎你是不是单身，它来去如风，让你无处躲藏。而这个时代的孤独感却又来得太容易，譬如在每个夜深人静的黑夜里。

在白天，很多人表面上若无其事地去上班，干着有些枯燥和琐碎的工作，装出一副天底下我最阳光的笑脸，实际上内心早已处在崩溃的边缘。

很多老一辈的人说现在的年轻人脆弱，受不了打击，吃不了苦，甚至有些无病呻吟。但客观地来说，因为时代极速地向前发展，实际上这一代年轻人所受到的压力也是空前的。

老一辈人认为现在的工作没有什么累的，都靠电脑搞定，但我想说现在有很多人怀念那个不需要电脑、手机就能办公的年代。

现在，虽然电脑、手机能搞定许多人力上的问题，但取而代之的是每天无穷无尽的报表、文案、PPT 等。微信出现后，很多人每天被卷入各种各样复杂的工作网络中，被折磨得晕头转向。

可最悲哀的是，就在这样高强度、高密度工作一天之后，很多人还是依然迷惘地说："我都不知道自己这一天干了些什么！"

于是，熬夜便成了许多年轻人空虚感的出口。

03

当我们在熬夜时，我们到底在熬什么？到底是什么原因让我们在那么多个深夜里久久不愿睡去？

之前看到一篇文章里写：为什么要熬夜呢？因为白天的生活不属于自己，晚上一定要抢回点儿属于自己的时间。

说得直白点儿，这其实就是在逃避，以一种更加委婉的方式逃避。表面上，晚上的时间你是在独处；实际上，你仍然被巨大的外部世界裹挟着。你内心明白，那些抖音、微博、朋友圈里发生的故事百分之九十九都与你无关，但你仍然选择用自己的时间与之消磨，以此来麻痹自己，让自己忘了自己到底是谁。

你甚至都不敢在夜里去看一本书，因为你害怕其中有一句话触碰到你的现实，让你不得不思考那些真正的问题。

熬夜，实际上并不是因为手机的诱惑真有那么大，而是我们太多人抱着“今朝有酒今朝醉”的心理去过每一天。

深夜，手机里的世界依然那么绚烂，而年轻人说得最多的谎言，竟是晚安。

04

晚上不睡觉，实际上是不愿意面对第二天要到来的生活。

其实，我和你一样，恨透了那些工作中毫无意义的琐碎，以及那些惺惺作态的人际交往。有时候会觉得生活一眼就能望到头，可有时候又会觉得一眼望不到头，我害怕自己的一生就这样了，从此停滞不前，却又担心潮水会在某一天打来，打得自己毫无反抗之力。

越想这些问题，就越会在深夜勾起内心深处的恐惧，就像是自己被单独留在了一座孤岛之上。

于是，我们会选择熬夜，既然不能改变明天的到来，那就不如延长今天。可是明天不论如何还是会来的，你所担心的一点儿也不会减少，只会让你的眼睛上多两圈黑乎乎的眼袋。

可我想说的是，其实明天并没有那么糟，十年前的你以为高考失利就是世界末日，然而今天再回过头看，高考不过是一切的开始。对待任何事情，只有把时间线拉长看，我们才能更平和。

而那些令我们感到害怕的，不过就是害怕本身而已。

05

在这个说自己早睡已经很稀缺的时代，每个人都有晚睡的理由，可我还是希望你早点儿睡觉，不光是你的身体经不起长期透支，更是因为当你选择放下手机，远离那些和你无关的八卦热点时，你才能着眼于自己和当下。你要记得，你的注意力才是你最宝贵的资产。

想得到一件东西最好的方法，就是让自己配得上它

01

这是一个盛行成功学的年代，浏览网上书店时，你会看到那些泛“鸡汤”的文字是怎么被人们追捧的。我并不反对“鸡汤”，相反，我觉得真正好的“鸡汤”是可以给人带来营养，帮助人更好地成长的。

可问题是，大多数的心灵鸡汤都是在告诉你这样做是对的，但从来不会告诉你为什么对，它们从来不对一个道理做出论证，也不告诉你到底该怎样去思考和做事。

所以，关于心灵鸡汤有一个很好的定义：端上来一碗

热腾腾的好汤，但是没给勺子。

“想得到一件东西最好的方法，就是让自己配得上它。”这句话是查理·芒格说的。可能大多数人对他不是很熟悉，但在投资界，他可是泰山北斗级别的人物。

沃伦·巴菲特曾经谦虚地说道：“没有查理·芒格就不会有现在的巴菲特。”可见查理·芒格在投资界的影响力。

而这样一位精英说出的这句话却被很多人误以为是鸡汤文，这确实是一种误解。

02

熟悉投资领域的人都知道巴菲特曾经说过：“投资股票的最优策略就是长期持有。很多人于是就从股票市场随便买了一只股票，放着不动，做到了长期持有。但是很多年过去了，他们惊讶地发现这只股票的价格非但没涨，反而跌得一塌糊涂，以至于自己连想要将其赎回的欲望都没有了。”

于是他们便恼羞成怒，指责道：“巴菲特这个老匹夫误导我啊！”

这是我们很多人思考问题的误区。我们总是相信这个世界会有很多的捷径，我们都以为自己会永远受到命运的垂青，我们恨不得自己不干任何事情，就有人为我们把通往财富和荣誉的路铺好。

世界上有这样的事情吗？或许真有，但我不相信会发生在我们身上。

我们很多人不做深入思考，却偏偏喜欢断章取义。巴菲特告诉投资者要长期持有，但是真正的重点是持有什么样的股票。

如果他老人家真的就是随便从资本市场选择一只股票，然后放上几十年，那么岂不是所有人都能轻而易举地成为巴菲特？

选择一只股票并长期持有的前提是在此之前已经做了大量的计算调查，因为长期持有一只股票，也就意味着你对它的未来充满信心，认为发行该股票的公司将在未来创造真正的价值。而这才是一只股票会升值的核心所在。巴菲特告诫我们股票需要长期持有，是想告诉我们："不要把股市当成投机，而要把它变成你的投资。"

所以我们知道，任何事物的成长相对于从外找机会，不如向内挖掘。不光投资领域如此，在我们生活中何尝不是这样？

03

很多男生追求心仪的女生，千方百计地去讨这个女生的欢心，满足这个女生提出来的任何要求，可到头来这个女生依旧对自己爱搭不理，最后还和别的男生在一起了。

而这个男生唯一得到的来自这个女生的“安慰”就是：“你是一个好人。”

这时候，这个男生就会很郁闷：“那个男人有我对她好吗？我都这样对她了，为什么还是不能让她爱上我？”

其实答案很简单，因为当你的价值和人格是以对方的需求来塑造时，你很难得到另一个人真正的认同。

两个人彼此吸引是因为双方身上散发着令对方着迷的特质，而不是一方企图用近乎讨好的方式去得到另一个人的青睐。用这样的方式当然无法让对方爱上你，即使你真的最后感动了对方，让对方同意和你在一起，你不会觉得这样的感动中掺杂了不少可怜的成分吗？

事实就是，对方仍未真正爱上你。

04

李笑来在《请放弃你的无效社交》中举例：两个人之所以能成为朋友，是因为资源的交换，当然这个资源不光是物质的，更多的是对方身上的特质与才能。

就像是在幼儿园中，玩具多的小朋友总是喜欢和另外那些玩具多的小朋友玩耍。因为对他们来讲可以平等地进行交换，他们不愿意和那些玩具少的小朋友玩耍并不是因为瞧不起他们，而是因为当他们和那些玩具少的小朋友玩耍时，那并不是在玩耍，是在被掠夺。相信没有人喜欢被掠夺的感觉吧。

所以，当我们整天忙着向外攀附各种关系时，其实，我们不如提高自己的核心价值，将精力放在修炼自己之上，从而剔除那些乱七八糟的诱惑。

而如果再有人问你追不到心仪的人该怎么办时，我希望你告诉她（他）："检测一个人到底是不是属于自己的最好方法就是让她（他）走，看她（他）会不会回来，而在此期间，你要做的，就是让自己配得上她（他）。"

最早的九零后
已经开始担心中年危机了

01

上周末和一个刚从加拿大读了十年书回来的老同学见面，请他吃饭。

我问他："你在那边学的是机械，回来以后学的东西能用上吗？"

他笑着说："一点儿也用不上。"

我又问他："你没考虑过去北上广深这样的大城市吗？"

他回答道："当然想过，但我爸妈现在身体都不太好，我妈妈去年有一次脑溢血，现在每周我都要送她去做康复，我也知道在咱们这里很难发挥我的优势，但鱼和熊掌不可兼得，和事业相比，我更在乎家人。”

我的这个老同学是一九九一年的，只比我大一岁，但在国外因为毕业考试压力整夜睡不着，好不容易拿到毕业证，付出的代价是头发日渐稀疏。

他并没有太大改变，还是和十七岁的时候一样健谈，永远不会让对话冷下来。谈笑间我似乎能穿越时间看到我们高中时坐在一起畅想未来的模样，那些彷徨着却有无限希望的时光。

如今，我们马上就三十岁了。

02

张爱玲有句话说得很多男人泪流满面：“中年以后的男人，时常会觉得孤独，因为他一睁开眼睛，周围都是要依靠他的人，却没有他可以依靠的人。”

有很多九零后表示，改变来得猝不及防，感觉就像前一秒还是爸妈身边的宝贝，后一秒就已经必须承担起家庭的责任。

古话说得好，“男人三十而立”。它告诉你，三十岁是一个重要的分水岭，三十岁之前，你是男孩，你可以不成熟不稳重，你可以去随心所欲地做在外界看来并不正确的选择。但只要你过了三十，你的一切就必须回到正轨，就像村上春树说的：“你要努力当一个不动声色的大人。”

所以现在很多九零后被问到年龄时喜欢讲周岁，这样可以让自己离三十岁稍微远一点儿。还有很多人对结婚、生孩子避而不谈，总觉得自己刚刚大学毕业，怎么就突然要从一个学生转变为小孩的父母。

可无论怎么样，你知道那个时间点终究会来，而这个时代正陷入一种普遍的焦虑感当中，似乎如果一个人在三十岁之前还不能做到一些什么的话，那么这辈子也就那样了。所以终身学习的概念一炮走红，一方面是这个时代中人们对知识的焦虑，而另一方面却是一群人在向世界证明，“你看，即使我三十岁没那么有钱，没那么成功，可我有一生的时间来学习呢”。

李宇春在歌里唱着：“再不疯狂我们就老了，没有回忆怎么祭奠呢？”马上就要老去的九零后，你们要拿什么去缅怀自己的青春？

03

李诞在微博里说：“朋友开心点儿，人间不值得。”是因为有太多的年轻人在他的微博下留言，说感觉自己的生活一无是处，每天活得连狗都不如。

是啊，谁不想活得没心没肺，能每天无忧无虑、开心得像公园里嬉闹的小孩？可真相却是成人的世界没有“容易”二字。在一天疲惫的工作后，你陷入沉沉的梦乡，偶尔梦到曾经的青葱岁月。

那些和舍友二十元钱包宿的网吧之夜，那些喝了十瓶啤酒后产生的激情和颓废，那些冬日里依然有人陪你打球到精疲力竭的时光。

可你终究还是会醒来，身上盖着一条叫作房贷的被子，两眼直勾勾盯着一面叫作阶层固化的天花板。

你上了几年班，似乎对人情世故有所了解，却又觉得一切都还是讳莫如深。你想起了昨天，那些回不去的阳光灿烂的日子，明天会有什么变化吗？

想着想着，你就昏昏欲睡，在这之前你告诉自己：

现在还不能认㞞。

04

去年年底，朴树参加《大事发声》的录制，唱到《送别》时难忍悲伤，痛哭了出来，他说："有时候觉得生活就像炼狱。"

朴树不喜欢参加综艺节目，不喜欢商业演出，可时隔十年后还是都做了，主持人问他为什么，他直白地说："因为缺钱。"

中年以后，内心世界和外部世界的博弈，往往让人在沉默中哭泣。快三十岁的年轻人有很多称谓——小伙子、年轻人、孩子。这些称谓很多时候麻痹着你，让你觉得自己其实还小，还没到承受那些重担的年纪，可最早的零零后都十八岁了。面对着慢慢老去的父母和即将出生或已经出生的幼儿，是依然选择做自己，哪怕最后一败涂地，还是选择随波逐流，就做一个世故点儿的普通人，活得轻松一点儿？

留给你选择的时间越来越少。

05

去年七月看了五月天的演唱会，当最后舞台上响起《倔强》的音乐时，全场起立，我看到旁边很多人都在哭。而我们都知道五月天的歌迷有很大一部分就是九零后。

“我和我骄傲的倔强，我在风中大声地唱，这一次为自己疯狂，就这一次，我和我的倔强。”

致你们，即将三十岁的九零后。

安全感
是这个时代最大的陷阱

01

这个世界根本就没有绝对的安全感。

吴伯凡曾经说过："一个人，逆境的时候要看镜子，顺境的时候要看窗外。"

什么意思？逆境的时候看镜子，容易理解，因为遇到问题首先想到的就应该是自己，内因大于外因。

但顺境看窗外呢？他的意思是说当一个人处于顺境时，往往会过得很舒适，很有安全感，沉浸在自己的小港湾里难以自拔，这时候，你就需要看看窗外，或许变化早已开始，危险正在悄悄来临。

在很多时候，人们都会追求和享受安全感带来的愉悦。那么多人追求所谓的铁饭碗，就是因为铁饭碗能给他们最大的安全感。

可我想问，在现在这样一个时代，还有真正意义上的铁饭碗吗？铁饭碗所带来的安全感还能持续多久？

02

过去，人们会普遍把公务员、事业单位或是银行定义为铁饭碗，进了这样的单位就意味着你可以衣食无忧，并且还能享有很高的社会地位。

但是，最近几年，越来越多的人选择离开这些单位，放弃手里的“铁饭碗”。有一次我和一个辞职了的公务员朋友聊天，我问他怎么干得好好的说辞职就辞职。

他跟我讲：“当年选择公务员是为了稳定，但后来才发现确实稳定，工资就没怎么涨过，很多时候自己挣的工资连自己的花销都满足不了，趁现在还年轻没结婚闯一闯吧，看能不能把自己的才能变现。”

同样，银行也是如此，过去几家独大的局面早已不复存在，大银行不光要面对同业竞争的压力，还要面对互联网金融的冲击，过去的状态再也不会有了。相反，随着影子银行的不断出现，人工智能的普及，很多岗位也将被取代，如果你没有足够的专业性，那么，四十岁面临下岗，不是不可能。

所以在这个时代，再也不会有传统意义的铁饭碗。

而真正的铁饭碗，不是你在一家单位有饭吃，而是你足够厉害，不论走到哪里都有饭吃。

03

村上春树有一次在接受采访时说：“我的体质是那种很容易变胖的体质，我必须每天提醒自己这一点，这才能让我坚持锻炼，所以，那些容易变胖的人，你们应该把这当成上天的恩赐，因为相比于天生很瘦的人，你们比他们更容易理解锻炼的重要性，也就更容易有健康的身体。”

而我时常提醒自己：不要担心那些看得见的危险，而要警惕那些看不见的。

因为，看得见的危险，我知道它在那儿，于是就能想具体的办法解决，而那些看不见的危险就如同幽灵一样，虽然暂时无法对我造成致命一击，但我知道终有一天我会为它们付出代价。

而安全感就是这样一种东西：它会让你沉浸在温暖的舒适圈，以为岁月静好、人生安逸，实际上它正在温柔地谋杀你。

04

这几年，在金融业感触最大的一点就是，业务更新变化得太快，过去银行仅靠存贷款的利差就能赚取高额的利润，而现在，银行的功能更多由储蓄变为投资。

因为客户的需求在发生变化，如何帮助客户理财、进行资产配置、实现收益的最大化，成为考验一个金融从业人员是否合格的标准。

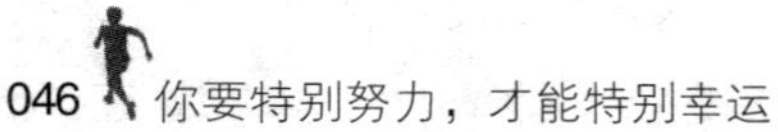

在这样的大趋势下，很多人过去多年的存量很可能就变得不值一提。如果不及时对自己的专业知识进行迭代更新，可能依靠吃老本儿目前还不至于被淘汰，但五年之后，甚至十年之后呢？

我想不光是金融业如此，各行各业都是如此。移动互联网时代不光洗刷了一批行业，也让我们每一个个体的能力和知识变得微妙起来，曾经让我们在行业里有优势的那些知识和能力，也许正在随着这一轮的变革而消失殆尽。

在这个时代，如果你觉得自己很安全，那么这件事本身就很危险。

所以，适当给自己一些压力吧，不要让自己感觉那么安全。Spenser说过："互联网时代，你要学会打造自己的品牌。"

也就是说，当你的安全感总是源于外部的组织时，那么你其实很难获得真正意义上的安全感。只有让自己变得更有价值，变得在自己的行业内更有发言权，才能得到真正的安全感。

有的人渴望一成不变，希望世界永远是当下的这一刻才好，但我们都知道，这个世界唯有改变才是唯一不变的事情。

财经传媒主编王烁说过一句话令我印象深刻。他说："在学习这件事上，我们应该做贪婪的游牧民族，哪里水草丰满就转场到哪里。"

的确，人世无常，变革早已开始。精进不已，才是唯一靠谱的人生策略。

Part2

梦想就要大胆去追寻，就算失败又何妨?

我拼了命努力，
只是想做个优秀点儿的普通人

01

前段时间去北京参加一个金融领域的考试，白天发了一个微信朋友圈，晚上写作群里的一个朋友问我："考得怎么样？"

"感觉有点儿难，怕一次是过不了。"

"二级确实有点儿难，大多数人一次都过不了。"

我说我考的是一级。

然后她就崩溃了。她说，一级那么简单还用考两遍吗？她只有在考三级的时候才考了两遍，现在已经是持证人了。

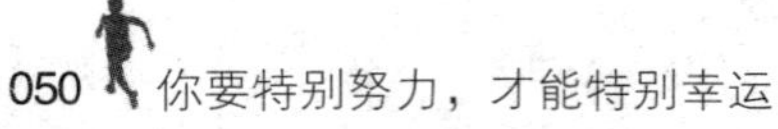

我听完后称赞她是学霸，我当然不能和她比。然而她又说：“这没什么，你知道吗？我男朋友在三年前就已经是世界上最牛的两个金融证书的持证人了，现在正在美国考品酒师。”

和她聊完天后，我有些缓不过来，本以为自己还有那么一点儿小小的才华，其实不过是因为自己接触的世界太小，眼界太低。

这让我想起了之前在网上流行的一句话：“你努力的天花板不过是人家的起点。”

02

在我们上学的时候，老师最喜欢鼓励学生：一分耕耘，一分收获，努力就会有回报。

学生时代，有的人起早贪黑，不分昼夜，结果却只上了一个二本大学。而有些学生轻轻松松，平时不发力，大考前突击一下，成绩就遥遥领先。

很多时候我们不得不承认，天赋凌驾于努力之上，就像在 NBA 里，你知道，那些普通球员再怎么训练，也练不成科比，练不成詹姆斯和杜兰特。

是的，老师说的没错。对于大多数人来讲，一分耕耘，确实就会有一分收获，否则那个考上二本的学生就只能去念专科，而不努力的球员就会失去工作。

但老师没告诉我们的是，对于有的人，一分耕耘，就能收获一个农场。

03

再过几天，就是自己二十六岁的生日，照照镜子，相对于刚刚大学毕业时候的青涩与锐利，竟发现自己的眼神里也有了一点儿疲态。

生活这把刻刀太过锋利，不光雕刻着人们的容颜，更会削平人们内心的棱角。

当然，你可以说这是坏事，但我觉得这不过是世界本身的运行规则而已，就像小的时候每个人的理想都是当科学家、大明星，而随着年龄的增长，见识的累积，我们会发现，有些角色，我们真的无法成为。

于是，我们第一次学会了向现实妥协。而在之后的人生里，对于作为普通人的我们来说，又不得不一次次向现实低头。即使我们很努力，拼了命，可依然在望了望一些彼岸后，回头对自己说，算了吧，真的做不到。

到头来，我们竭尽全力，其实不过是在做个更好一点儿的普通人。

04

罗振宇在某季《奇葩说》的最后说过一句话："成长的本质就是变得更复杂。"

既然复杂，当然就会掺杂进来一些自己并不喜欢的东西，譬如那些令人沮丧的真相。

记得自己上高中的时候，学校组织学习《李阳疯狂英语》，自己买了本《李阳自传》，看着那些在今天看来完全是鸡汤的文章，竟会兴奋到失眠。

到后来才知道，那些告诉你只要怎样就能成功的东西，多半都是某种商业营销手段，目的是让你热血沸腾、头脑发热地去买他们的产品。

可罗马不是一天建成的，这个世界根本就没有捷径可言。

我们在成长的道路上不断打破固有的认知，甚至把它们摔得粉碎，然后捡起来重组、更新，然后继续独自前行。

所以即使是当个优秀一点儿的普通人，也并不容易。

05

前段时间看电视剧《虎啸龙吟》，觉得很有意思。

在这部剧的前半部分里，所有和诸葛亮交战的对手都想急着战胜他，除了司马懿。

司马懿明白，诸葛亮有卧龙之声、天人之智，单论“运筹帷幄之中，决胜千里之外”，没有人是诸葛亮的对手。这就是真相，不管你接不接受，它就在那儿。

于是，急着想要置诸葛亮于死地的人，反而搭上了性命。而选择避其锋芒的司马懿最后成了赢家。

这就是我想说的，司马懿其实并没有赢诸葛亮，他只是放下了心里的那份执念。是的，战胜诸葛亮这个世界上最聪明的人，你就会拥有无上的荣光，那是多少人的梦想。但，现实是，你就是赢不了，那你还要不要坚持？

也许只有时间才能给出答案。

就像在今天，我们大多数人拼了命努力，也不过就能当一个稍微好一点儿的普通人。这件事，别说放在小时候，就算是说给已经成年的大多数人听，他们也不会接受，当然我也不会。

我也曾为这个问题无比焦虑过，不肯接受这样的现实，直到今天，我仍不接受。但之前在知乎上看到的一句话，使我宽慰不少，现在我分享给你。

“如果你注定要成为厉害的人，那问题的答案就深藏在你的血脉里；如果不是，那你便做好自己就好。”

我从未长大，
但我从未停止成长

01

高中时，我参加过一次英语演讲比赛，观众是全校师生，那是我二十多年的人生经历中为数不多的在公众面前展示自己，当时得了一个二等奖，我兴奋到失眠。

到后来再有这样的机会时，我已经大三了。当时新东方组织了一次英语角活动，因为之前表现不错，所以老师让我全程策划一次活动。我为此熬夜准备了一周，最后活动效果很好，出乎我的意料，老师拍着我的肩膀说：“年轻人，很有想法。”

等大学毕业以后，我偶然开通了微信公众号，于是就爱上了写作。说来惭愧，和那些短时间内就能吸引几十万粉丝的高手不同，我写了整整两年也只有不到二十万字，以及几千读者。因为才华有限，所以有时候写一篇文章需要憋好久，和那些十分钟就能敲两千字的作者相比，我感觉自己愚笨得很。

在工作后的某些时刻，我甚至会觉得自己除了真诚一无是处，没有拿得出手的成绩，没有过人的天赋和才华，也不是高富帅，不知道自己拿什么和别人拼。

而可笑的是，我曾经自命不凡，觉得自己和别人不同，到后来发现自己平庸得像一粒沙子。

02

以前和朋友出来吃饭，聊天的内容天马行空，但通常情况下都离现实很远，那时候我们不知道自己的未来在哪儿，觉得自己的人生有无限的可能。而近两年，我们的生活趋于稳定，聊天的话题则多是工作、压力、贷款，甚至小孩，那个曾经模糊不清的未来似乎已经开始有了端倪。

长不大的情怀会变成一件让人害羞的事情，可能不光是情怀，作为一个成年人，似乎如果再被长辈告诫说“你还没长大”就是一件很丢人的事情。“按部就班”成了一个褒义词，那意味着一个人终于再没有那么多的杂念，没有那么多幻想，而是一步一个脚印朝着他们所期待的那个方向走去。

很多人停止真正的成长就是从这里开始的。

现实生活里的压力，他人异样的目光，越来越疲惫的身体和大脑，这些变化中的每一个都像是压死骆驼的最后一根稻草，摧毁着你曾经无比坚信的东西。过去你笃定知识改变命运，但读了这么多年书，花了这么多钱，结果却发现所学的知识无用武之地，过去你相信个人的努力能让自己跨越阶层、改变命运，到后来才发现你拼命努力的终点，不过是人家的起点。

是啊，没有梦想何必要去远方？努力既然没用，何必还要辛苦地成长？

03

这几年我听过最刺耳的一句话就是，“你还没长大，还是个孩子”。过去我很排斥这句话，觉得这是对我的一种不信任，也意味着一种和别人家孩子比较的心态。

但随着时间的推移，我慢慢地并不在意别人这样说我了，更重要的原因是，那些真正关心我成长的人这样说，能让我看到自己身上不成熟的地方，我不再反驳他们，相反会感谢他们提醒我，我知道自己还有很长的路要走。

这条路就是内心与外部世界的自洽之路。要明白哪些东西是必须坚守的，哪些东西是经过外界冲击的洗礼后要去改变的。

主观世界与客观世界之间横亘着一条沟，你掉进去，叫挫折，爬出来，叫成长。

04

我花了二十多年终于承认自己的平庸和普通，又花了很长时间接受我并没有真正长大，甚至还是个孩子。

可我明白自己是一个追梦人，我也明白在这个急功近利的世界上，这样的人生之路是何等险恶莫测。即使那雾中的南天门永不出现，就算我拼尽全力也无法打碎阶层的天花板，我也将永远攀登下去，因为我别无选择。

我不知道像我这样的人，这个世界还有多少，或许最后，我们还是无法长大，不能走出身处的黑暗。我们天资平庸，不能像我们喜爱的那些偶像那样，达到如此之高的人生高度。

但回首每一个昨天，我们总会发现，今天的自己，远胜于过往的每个自己。或许人的出身有贫富之分，人的天分高低各异，我们用尽了一生的力气最后不过成为一个还不错的普通人，我们花了超过别人十倍的努力，取得的成果却不如别人的十分之一。

但我们仍能骄傲地说："我虽然成长得很慢，但我从未停止成长。"

都说北京折叠，
是因为你不懂三线城市的孤独

01

北方的夜总是来得很早。

曾经在晚上十二点独自漫步在北京城前门的大街上，你能想象吗？一个有着三千万人口的大城市，那个时候竟空无一人。

有的人选择逃离北京，他们说面对这座城市的繁华，自己毫无归属感可言；还有的人认为，每天面对熙熙攘攘的人流，感到最多的就是自己的渺小，这座城市的荣光并不属于自己。

说得没错，但是，对于一个大学毕业后就回到三线城市工作的人来讲，或许我并没有太多的发言权。这座城市的繁华与孤独也不是仅仅在某个夜晚面对空无一人的大街就能完全明白的，我最多能做的也只能是感同身受而已。

而我今天想要说的，是身处于一座三线城市的孤独。

02

曾在知乎上看到有人这样评价三线城市。

说在三线城市里，只有两种工作，一种是公务员，一种是其他工作。

评价得很简单，却又不得不承认它说出了三线城市的本质。

确实，时代在变革，直播、自媒体、网红、人工智能，面对一波儿又一波儿的红利，人们似乎明白了，过去所谓的那些好工作、铁饭碗，都不再那么吃香了，有的人费了吃奶的劲儿进入体制内，看到的却是一眼望到头的生活，不免心生绝望。

可是，如果你在三线城市，考上公务员便仍然是一件值得骄傲的事情。因为在三线城市，迫于规模和人口的原因，很多行业是无法在这里发展甚至生存的，这也造成了三线城市工作机会的单一性。从这样的角度看，公务员便依然是所谓的好工作和铁饭碗，是你相亲和炫耀的最大砝码。

小李，是我的一个小学同学，从小便不是那种安分听老师话的人，大学毕业以后本来可以留在深圳工作，但当时怀着要建设家乡的理想，便毅然决定回来创业。他当时的想法是，小城市虽然机会没有大城市的多，但竞争压力相对也小啊，于是便回来成立了自己的工作室。

小李大学时学的是摄影与导演编剧，他工作室的主要项目开始也是围绕这个方向设计的，他希望能为这边的企业、学校、单位拍摄一些微电影式的宣传片，一是因为在这里拍摄这种类型短片的摄影师少之又少，二是因为这确实是自己的理想。

但是，理想很丰满，现实很骨感，工作室成立半年以来，小李接的单子寥寥无几，反而还要承担房租、水电费、工作室其他成员的工资等费用，这让小李捉襟见肘，入不敷出。更令他伤心的是，很多单位在拒绝他时都会对他讲："小李啊，你拍的东西确实不错，但我们用不着啊。"

前几天，小李发了条朋友圈，说自己放弃了这边的工作室，决定去上海放手一搏。他原以为在自己的家乡，这样一座三线城市，他能找到归属感，能干一些让自己感到骄傲的事情，结果事与愿违。当他走在街上，面对这座曾生活了将近二十年的城市时，虽然对这座城市的一草一木、一城一池那样熟悉，却感到从未有过的孤独。

是的，相比于漂泊在北京，那种人潮拥挤、陌生环境带来的孤独，三线城市的孤独似乎更加耐人寻味。这种孤独就像是你在面对一个老朋友时，突然有一天发现自己竟然和他完全无话可说，可你又是如此熟悉对方。在我看来，这种孤独要比北京式的孤独更为无解。

03

前段时间有一篇关于相亲的文章很火。

大概说的是在北京，很多父母为了给自己的孩子相亲，不仅将自己的孩子当成商品一样明码标价，还列了很多奇怪的择偶条件。

譬如：外地人不考虑，非本地户口的不考虑，女孩儿属羊不考虑。

这篇文章流传后迅速引发了人们的争议与讨论，很多人说现在的相亲不过就是一场交易而已，根本无关爱情。

可是，我想说，虽然这么多人一致谴责这样的行为，但那个最终做决定的人还是你自己，在婚礼上也没有人能强迫你说出那约定终身的三个字。

那么问题来了，在大城市三十五岁还没结婚的人依然比比皆是，可在三线城市呢？

上星期参加一个初中同学的婚礼，一帮老同学坐下来便不禁感慨，时间过得好快，转眼间曾经的少男少女便都到了论及婚嫁的年龄。

一桌上，已婚的同学说着自己的家事，未婚却已有对象的同学若有所思，似乎在想着自己即将到来的婚后生活。

而还没有对象的同学虽然表面上洒脱，说自己无所谓，但从他们一闪而过的表情中还是能看到一丝焦虑。

人，往往都有一种从众心理。当你看到身边每一个人都脱单了，甚至小孩都会打酱油了，可自己依然是单身，即使嘴上依然倔强地说着自己就喜欢单身，可在内心的深处也会多少有些许的不安。

毕竟，在那些孤独肆虐的夜晚，连一个能陪自己说话、看电影的人都没有的感受，几乎没有人会喜欢。

就像村上春树说的那样：“哪有人喜欢孤独？只不过是害怕失望而已。”

老爸同事家的一个孩子，半年前结的婚，这两天又闹着要离婚，因为实在过不下去了。

在三线城市中，一个三十岁还没结婚的女生就会被人们称为老姑娘，而变成老姑娘后，她的选择空间就会大大缩小。

于是经由家人介绍，一年前，马上就到三十岁的她便认识了现在的老公，短暂地了解后，觉得对方工作、家庭还都不错，便草草结了婚。

可没想到的是，她嫁的是那种不可教化的渣男，她老公婚后几乎每天泡夜店、酒吧，喝得酩酊大醉不说，甚至还向她抡起了拳头。

而她整天以泪洗面，最终还是决定迈出离婚那一步，因为这样的一个伴侣，真的还不如没有。

心理学家韦斯说："孤独就是一种病，它毫无可取之处。"

而我认为，孤独也分很多种。在一个三线城市中，因为害怕别人的闲言碎语而草率结婚的人太多，有的人比较幸运，过得幸福。而更多人则是在婚后才发现对方种种不能被接受的问题，才发现对方的三观与自己的根本不合。

于是到头来才明白，真正的孤独并不是独守空房，而是同床异梦。

04

前两天看了诺兰最新的电影《敦刻尔克》，这部电影的宣传文案令我印象深刻。

“当四十万人无法回家，家为你而来。”

“回家”是这部电影的基调，对于战争中的士兵来讲，家，就是天堂。

而对于身处这个焦虑时代的我们来讲，家更像是围城，出去漂泊的人羡慕家乡的安逸，而在家乡中的大多数人又渴望扬帆起航，因为他们觉得自己的家乡——一座三线城市，承载不下自己的梦想。

无他，更无关对错。

也许是因为年轻，抑或是我们绝大多数人，即使穷尽一生也无法看清自己真正想要的到底是什么。

但这都不重要，孤独的彼岸或许依然是孤独，而所谓的彼岸也不过是一群人的最终臆想。可那又如何？只愿你今生孤独的时候有人陪，迷茫的时候不伤悲。

愿你既能追随大风和烈酒，又能享受孤独的自由。

梦想就要大胆追寻，就算失败又何妨？

01

我生活的地方，是北方的一座三线城市。

与绝大多数三线城市一样，在我们这里，不论男女，如果你快到三十岁了还是单身，就不免会引起周围人的非议。

“这小伙（姑娘）是不是有什么问题呀？怎么这么大年龄还一直不找对象？”

在一座人口五十万以下的城市，相信我，信息在某种程度上传播速度要远比大城市快，大家一打听都是熟人，譬如随便聊起一个人，不出三句，就问出来："噢！原来他是我高中同学的初中同学的同桌。"

在这样的现状下，即使你本来没什么问题，也会被讹传成有问题。

很多人年纪不小了却仍然选择单着，一问起为什么，往往都是噘着嘴说："单身好啊，单身自由，享受孤独啊。"

一边这样说着，一边也在害怕着万一匆匆忙忙结婚了，遇人不淑怎么办。

是呀，"哪里会有人喜欢孤独？不过是不喜欢失望而已"。

02

单身的时候，就不要在深夜做任何感情上的决定。尤其是不要在深夜给一个人承诺。

从理科生的角度讲，当忙碌一天后，到了晚上，我们的前额叶功能减弱，理性思考能力降低，对情绪的抑制能力也下降，于是情感容易战胜理智。

从文科生的角度出发，人在深夜时最为脆弱。

于是，孤独感就会在你脆弱的时候“乘虚而入”。一个你本来不是特别喜欢的人，因为在夜深人静时对你说了一句“还没睡吗”，就会让在你身上肆虐的孤独感得到极大的满足。

是的，孤独感这种东西和发烧一样，在夜晚最盛。

很多人最后分手时会说：“现在仔细想想，当时在一起时就不是因为彼此喜欢，仅仅是因为周围的人都有伴侣，而自己形单影只。需要一个人来互相取暖。”

可无论如何，错付的感情也曾经付出过，再不喜欢的人在一起久了又分开也会不免让人黯然神伤，而最后留给彼此的也只有遗憾。

那么，“不要因为寂寞随便牵手，然后又没出息地依赖上对方”。

03

去年一整年对于我来讲过得比较煎熬，因为工作，我常常一个人吃饭，一个人回家，一个人看电影。以及，一个人忍受漫长的孤独。

也是在去年，我开始读了些村上春树的书，很奇怪，我平时其实并不是一个能完整看完一本书的人，往往是不求甚解。但在读村上春树的书时，却是完完全全地被带入书里，不能自拔。

对于孤独感，我们绝大多数人其实是排斥的，虽然很多人在那里鼓吹要享受孤独，但能做到者其实寥寥无几。在多数人眼里，孤独毫无价值，是负面的、需要摒除的东西。

而在村上春树的笔下，这种负面的情感却得到了安放。

他告诉我们："人，人生本质上便是孤独的、无奈的，所以人需要交往，以求理解。但真正的理解却又是不可能的，宿命上的不可能，所以往往努力寻求对方理解的人往往最后徒劳无功。与其勉强通过人与人的交往来消灭孤独，化解无奈，莫不如退回来把玩孤独，把玩无奈。"

当时看到这段文字时，我被震撼到了。是的，很多时候我们难过、我们孤独、我们无所适从，就急忙要去找人倾诉，要去拉帮结派，叫一帮人出来陪自己借酒消愁。

可几乎每次这样做完，我们还是不能哪怕好过一点点。别人又不是你肚子里的蛔虫，对你再用心地宽慰，到头来也不过是隔靴搔痒。有再多的酒肉朋友，到头来回家的路你还是要一个人走。

试着接受孤独就好，让它与自己分离，然后像村上春树说的，把玩孤独，把玩无奈。

一个人的时候，想想还有孤独陪着自己，就不会那么难过了。

04

所以，如果你单身，并且觉得孤独，我建议你读读村上春树。当然，他不会治愈你，不会给你任何鸡汤，甚至他也无法让你从此对孤独就有了些许好感。

但至少他会告诉你，孤独就是一种宿命，是你即使脱离了单身也摆脱不了的宿命，病急乱投医地去与一个人相恋，不光无法浇灭孤独，而且只会让它烧得更盛。

我非常喜欢他的自传中《当我谈跑步时我谈些什么》中的一段话："不管全世界所有人怎么说，我都认为自己的感受才是正确的。无论别人怎么看，我绝不打乱自己的节奏。喜欢的事自然可以坚持，不喜欢怎么也长久不了。"

放在感情中，真相也不过如此。

让你出众的不是合群，是孤独

01

现在回忆起大学，最让我感觉欣慰的就是大学时期我没有像很多人那样，一味地合群。

舍友集体去网吧打游戏，我选择一个人到图书馆看书；周末大家都窝在宿舍里喝酒、睡觉，而我选择到篮球场上挥汗如雨。

看似简单的两个习惯却对我产生了很大的影响。大学毕业后，因为积攒的知识和能量很多，所以有了写作的资本，如今，我已经写了二十多万字；通过打篮球又认识了很多志同道合的朋友。

在大学令我印象最深刻的一年是大三，那一年的冬季非常冷，还经常下雪，而我因为要去学英语，所以每周都必须有两天坐一个小时的公交车到市区，然后再坐末班车在黑夜里赶回来，然后再一个人到自习室练习英语听力到晚上十一点。

当然，那段时间没人陪我，每次当我踏着白茫茫的大雪走在回学校的路上时，总会看到几对互相搀扶、亲密无间的情侣，他们是那样幸福，不像我一样。如果在这滑滑的路面上摔一跤，我只能落魄地忍着疼赶紧站起来，免得周围的人看笑话。

也许，在某个冰天雪地的夜里，我也厌倦过孤独，并觉得它一无是处。但回头看看，正是那时的孤独让我的内心更强大了一点儿，让我学会了如何与自己独处。

02

多少时候，你会因为害怕只有自己一个人而不敢去做一件事？

没有朋友陪你健身，想想只有自己一个人，孤零零的，也别去了。

本来想学习一门自己喜欢的技能，但看到周围的人都浑浑噩噩，为了不搞另类所以也就适应了随大流。

人人都知道随波逐流是个贬义词，但在现实生活中，我们大多数人都舍不得放弃安全感，而颇为无奈的是，很多人实际上非常依赖他人的存在。

但如果你总是与别人迈着相同的步伐，你又怎么可能跑得更快?!

宁远在《远远的村庄》中说："孤独是非常有必要的，一个人在孤独时间所做的事，决定了这个人和其他人根本的不同。"

正是孤独，让我们区别于他人。

你够优秀吗?

请先问问自己："你够孤独吗?"

03

读书的时候往往是我感到最孤独的时候。

我喜欢在读书时把手机关掉，尽量不受外界的干扰，全身心地投入到读书这件事上。

我还喜欢给自己刻意营造一种读书的氛围，譬如冲一杯咖啡，把灯的颜色调为暗黄色，在这样的环境里读一本书非常有代入感，甚至还会产生心流的体验。

为什么要这样做？是因为这几年我发现自己变得越来越浮躁，五分钟不看微信就难以克制，只要朋友圈有红点就必须点开，虽然我明知道那些事情多数与我无关。

我们表面上变得越来越社交化，很多人将其称之为外向，其实那正是我们失去与自己相处能力的一种表现。

04

我大学时的死党小七和我是初中同学，我们感情一直不错。

以前见面或者打电话无话不谈，她知道我几乎所有的秘密，我同样如此。曾经我们还幼稚地约定过，如果过了二十五岁双方还都是单身，就两个人在一起过得了。

我以为她会是我一生的朋友，感情会像酒一样愈久弥香。

但后来有些东西变了，具体什么变了我也弄不懂，总之就是开始变得没话讲，曾经很有默契的两个人坐在一起吃饭却会觉得很尴尬，扯几句彼此的近期生活后就无话可说。

当然，这是我的感受，但我相信她亦是如此。

再到后来，我和小七就几乎成了最熟悉的陌生人，熟悉是因为我们对彼此还是深入了解的，陌生则是因为我们的现状。

我曾试图弄明白为什么会这样，比如给她发一条微信问好，但看到她只是回一句“有事吗”，我就知道，朋友之间的缘分就到这儿了。

村上春树说：“迷失的人迷失了，相逢的人会再相逢。”我们盼着那些曾经走失的朋友能再回来，可往往这都是自己的一厢情愿，现实是，人生的旅途就像一辆长途大巴，有人上车了，陪你走上一段，但终会离开，而那个陪你走到最后的人，只有自己。

孤独才是我们人生的终局。

05

说了这么多，我其实想告诉你的是：

一、合群并非坏事，但一味合群的人一定很平庸。

二、孤独是人生的常态，无论你接不接受。

所以我想对你说，即使孤独也不要自卑，更不要顾影自怜。一个人成长最快的时期，往往就是他感到孤独的那段时间。

现在追求自由变得很流行，可在我看来，无论是财富自由还是精神自由，如果一个人不曾经历过孤独，那么就无从谈起。

不能享受孤独的人，很难拥有真正的自由。

也许，
我们真的会一生碌碌无为

01

在我高中那段朝五晚十的岁月里，我自以为上了大学后，一切烦恼就都将远去，那个时候，象牙塔就是我以为的彼岸。

而当我终于连滚带爬地混进了一所二本院校后，才发现自己天真得像个没睡醒的孩子，从帮我拎包的志愿者学长眼里，丝毫看不到一个大学生应有的活力，相反的是两个大大的黑眼圈，和腿上那条深蓝色的短裤。他趿拉着一双沾满灰尘的人字拖，睡眼惺忪地跟我说：“你好，欢迎来到大学。”

于是，我四年的大学生涯就在这样一帮人的陪伴下度过。我没有像一些人一样，在大学里遗世独立，找到自己的使命，认识到自己是谁。

相反我庸庸碌碌的，上网、逃课、打球、熬夜。和绝大多数人一样，直到毕业后才发现自己可能念了一个假大学。

可即使再普通的一个人，你也不能残酷到剥夺他做梦的权利。在大四找工作的时候，我又告诉自己，在未来的职场上我将如鱼得水，会有一个像马老板一样的职业生涯。

而如今，我终于成功地成为一枚流水线上的螺丝钉。

我感觉自己平凡得就像撒哈拉沙漠里的一颗沙粒。

在二十五岁的年纪里，不知所措。

02

记得初中刚开始打篮球，我比周围的人稍微打得好一点儿，就觉得自己将来能去 NBA，与偶像科比、麦迪站在同一个球场上。

在那个年龄段的时光里，我以为篮球就是我的全部，我傻到觉得，如果自己将来进不了 NBA，那么往后的人生就没有努力的价值。

然而现实并没有用一巴掌将我拍醒。后来我意识到，以我的篮球天赋想进 NBA，连做梦都不配。现在回头想想当时的自己，时常会笑得从梦中惊醒。

可我的想象力并没有因此而枯竭。譬如现在的我，身处三线城市，在一个被人称为夕阳行业的单位工作，每天朝九晚五，干着重复性、机械化的工作，但我不知为何，依然觉得自己会有一个与众不同的人生，能在某一个时刻闪光。

你说，这是不是一种病？

03

如果要去评选近两年来最容易被点赞的一句话，我认为“最怕你一生碌碌无为，还安慰自己平凡可贵”很有机会当选。

不知道为何，我们大多数人现在已经快要把平凡当成是一种不可饶恕的罪过了，似乎只有经历过辞职创业，随时来一场说走就走的旅行的人生才是人生。

作家大冰在书中写过一句话：“愿你既能朝九晚五，又能够浪迹天涯。”于是很多人连书都没看过，就匆忙干了这碗“鸡汤”，对身边的人大放厥词，说这才是自己想要的人生。

如果大冰看见了，估计会跑过来揍你。

说走就走的旅行？打哭你信不信？

大冰的书里写过一个牛人，叫铁成，这个人早就走遍了整个中国，现在正在进行环球旅行，曾一个人骑着一辆大摩托车就跑去老挝了。

有一次，他去参加美国的一个摩托车集会，因为打扮过于夸张，结果半夜三更被当成毒贩子从酒店赶了出去。在茫茫戈壁上，几个人好不容易找了家旅店，这一找，让铁成邂逅了自己的爱情。美丽温柔的女店员对铁成说：“虽然你脸长得又老，发型又不好看，但你的脑子咋那么迷人呢？”

你看，牛人总是这样，即便看似处于山穷水尽的绝境，也能让其开出花来。

当然，这就是你羡慕的生活对吧，干自己喜欢的事情，遇见更多的人，在某个不经意的时刻遇到自己爱的人。

04

你看完这个故事后，可能会不屑一顾，觉得没可比性啊，铁成牛啊，过个生日恨不得半个江湖的人都跑来给他助兴，我没铁成的魅力和本事啊。

是的，大多鸡汤都是这样，告诉你牛人们都在过自己想要的生活，所以你想要成为牛人，也必须要像他那样。

扯，扯得太厉害。先等等，我们再来看一个故事。

相比于纵横四海的铁成，这个人普通得比你惨一万倍，他出生在黄土高坡，祖祖辈辈都是陕北老农民。

十八岁的时候，他连技校都没考上，最后花钱上了一个中专，学美工。

到后来，他去了深圳，投靠老同学，结果这个同学犯了事儿，被四十多个古惑仔拿着刀追着砍。他一看这阵势，抢了辆摩托车冲倒一片人，只不过他不会用脚刹，一下撞到墙上，撞得满头是血。

那是他第一次骑摩托车。

他刚去深圳只能给别人打零工，酒吧、超市、商场，哪里需要美工设计，他就往哪里跑，一天只睡三个小时，和几个人挤在一间黑暗的地下超市里。

但天道酬勤，有一次他帮老板啃完了一个巨难的单子，替中国最大的室内主题公园做了舞台设计。于是身价就慢慢涨了起来，再之后，他越走越远，越干越好。身边的人没有一个人问他的出身，也没有一个人在乎他的学历，他们只知道他是一个能把事儿做好的人。

再后来，他初步实现财务自由，然后就开始干自己喜欢的事儿，他想认识更多的人和文化，就开始周游中国乃至世界。

这个人的名字，也是铁成。

05

“二十多岁，谁愿意碌碌无为？谁不想过自己想要的生活？”

于是你辞职旅行，把沿途的风景当成诗和远方，以为这就是自己想要的生活。

这个时代的人们往往把旅行的意义看得太高，可就像大冰说的：“朝九晚五，浪迹天涯的前提是，平行世界，多元生活，而它的前提又是你得知道自己想要什么，要多少。”

离开这些前提谈喜欢的生活，都是扯淡。

所以那么多人感慨：知道了那么多道理，却依旧过不好一生。

06

我喜欢王小波对于生活的看法。

“我对自己的要求很低：我活在世上，无非想要明白些道理，遇见些有趣的事。倘能如愿，我的一生就算成功。”

那么，你想要什么？要多少？

那个生猛的景德镇兄弟，你被生活锤得怎么样了

01

王小波曾经在《黄金时代》中写过这样的句子：

“那天我二十一岁，在我一生的黄金时代，我有好多奢望。我想爱，想吃，还想在一瞬间变成天上半明半暗的云。后来我才知道，生活就是个缓慢受锤的过程，人一天天老下去，奢望也一天天消失，最后变得像挨了锤的牛一样。可是我过二十一岁生日时没有预见到这一点。我觉得自己会永远生猛下去，什么也锤不了我。”

十八岁的那年，我认识你，你那时还是个连网吧都进

不去的未成年人。那时候，我不以为那就是我的黄金时代，我以为我的人生会有无穷的可能性，遇到更多比你有趣的人。

说实话，我曾经厌烦过你，烦你那张总是忍俊不禁，让我无法认真和你说话的脸；烦你聪明的大脑，让我和你的每次争执都落入下风；我也烦你的自以为是，烦你将普罗大众的智商踩在脚下的傲气和生猛，你是在与全世界为敌，知道吗？

当然，我也必须承认你是个有趣的家伙，你有一种特殊的能力，总是能将几个萎靡不振的人带得掀起几番波澜。

你大概也是个文艺青年，在那个荷尔蒙无处释放的年纪，就能把性当成艺术来观摩。而你给我讲的那些文学故事，我却早已不记得了。

你也是个狂妄至极的人，这些年我给自己起了个笔名叫狂人包，实际上和你比较，我或许只能低到尘埃里。

大一时某次看完辩论赛，我对你说如果你上去我们就不会输，你没有像其他人一样谦让着说我不行，而是说他们说的点你早就都想到了。我记得，咱俩那时并不熟。

那时我觉得你是不谙世事的，你自以为聪明，于是就仰仗着智力的优势去碾压你看不惯的人，我不敢劝你，因为怕你反过来碾压我，于是当时我暗自在心里想，你是应该早点儿被送到社会上锤几年，挫挫身上的锐气了。

可不知你这个愤怒的公牛被生活锤得怎么样了？

02

我有时也会想起你，不是在夜深人静、回忆过去的时候，而是在某些人多喧闹，却又百无聊赖的社交场合。

当酒桌上人人举起手中的红酒起身致意时，我在想，如果你在的话，会不会制造一些意外？会不会说一些话，让这些矜持的人们脸红一下？或许，你什么都不用做，而我也只是想你能出现一下，起码能有人和我调侃上那么一句，就够了。

我有时会想起你，不是在我回到财院，站在我们生活了四年的宿舍前时，而是在某个上班将要迟到的早上，我打上领带，穿上西装，梳起头发像个真正的大人一样时。

我会忍不住去想，你是不是也一样，把衬衣的扣子系到最上边，面对来来往往的客户低下你高昂的头，然后恭恭敬敬地说一句："先生您好。"

我有时会想起你，但更多的时候却早已忘记你，忘记到我都记不清在那个打魔兽世界的冬天，从翔宇网吧到宿舍的那段路程，是我一个人在风中匆匆行走，还是你在我旁边不断发出笑声。

我有时会想起你，可我却不敢再写，再写你可能会打来电话臭骂我一顿了。

03

不知道为什么，我觉得你本来该成为一个严肃的文学作家，或者再不济也能当个小资文青。

这里我要批评你，一向才华横溢的你竟然只是在QQ空间里发了几篇文章就从此封笔，你当年那些对人性的批判呢？对智商的碾压呢？对“你高三我高一，你高三我高三”的调侃呢？

时至今日，我也始终无法想象你穿上一身黑色西装的样子，生活锤得你怎么样了？是不是一锤一锤下去，你坚硬的棱角也会在日复一日的生活里被锤平。

仔细想想，生活其实并没有锤我们，它只是让我们无法抗拒。与其保留犀利，不如平和一些，面对生活，面对柴米油盐，面对冷笑着的客户，面对你精神家园以外的真实世界。

我希望的，只是我们不断被生活一锤一锤凿下的同时，把一些东西留在某个地方。我们不会随时把它拣出来，但至少心安，能在重锤砸下来时，看到篱笆上的牵牛花开，每个花蕊上还能停驻一只蓝色的透明的蜻蜓。

04

我的景德镇兄弟，我不再希望你以一个文青自居，你要表现得像个战士，文青拥有一切让人羡慕的品质，可唯有战士才能在这个时代活下来。

我承认，我早已无法做到像七年前那般明朗与热血。那些情绪被我小心翼翼地收藏在心底的某个角落，不再拿出来展示，甚至懒得与人交流，感觉随着年龄的增长，情怀会变成让人害羞的事，此时，唯有沉默才是得体而恰当的。

毕业七年了，兄弟，是时候脱下长袍，换上甲胄，放下笔杆，拾起长枪了！我们追寻的东西依然不知道在哪儿，但我认为我们必须继续寻找。

看完文章，我们继续上路。

你不是不会说话，你是情商低

01

我有一个朋友，心地不坏，但就是说话很不中听。

比如我换了部手机，心情还算美丽，请大家一起出来吃个饭，本来氛围很好，可她就要来一句："哎呦，最近财路广了呀！能换得起这么贵的手机。"

气氛瞬间就僵住了，我尴尬地笑了笑，赶紧圆场："哪有？攒了几个月的钱好不容易换的。"

过了一会儿，她又拿起我的手机端详半天，然后说："我跟你说，别看你这个手机挺贵，其实和我的比起来，你的像素就是渣渣。"

我呵呵笑了笑。

“来来来，大家接着吃，昨天火箭又赢了啊!”

“哎呀，我突然觉得你这个手机真的是买贵了，我有认识的人啊，本来还能再给你便宜不少。”

我已经想掀桌子走人了。

这样的朋友在生活中让人有些哭笑不得，你明知道他们没有坏心，但一听他们说话就觉得很难受，一种说不出来的憋屈，有时候真想对我的这位朋友说一句：“你不说话的样子其实很美，真的。”

02

不会说话的人，总是在你兴致勃勃时给你浇一盆凉水。

譬如我大学时的一个室友，每次宿舍其他人计划去干一件有意思的事情时，他就会在一旁指手画脚，并摆出班主任的模样。

比如我们想去登山，他就说：“登山无聊啊，还得背一堆东西，万一摔伤了怎么办?”

我们要去户外烧烤，他就说：“户外烧烤？找个烧烤店不好吗？把人家草地烧着了谁赔?”

再比如我们要集体拍一个微电影，他便说：“以后又不当导演，拍了也没人看啊！”

……

于是，很多美好的计划因为他的一盆冷水而被弄得没有实施。

是的，我们都不喜欢他，可我们又拿他没办法。因为确实，他说的这些风险都存在啊，他有可能也是在提建设性的意见，是在为大家好啊。

只是他不懂，有些话，换种方式表达，或者私下去说，可能更好一点儿。

03

孩子参加高考时，有的父母会慈爱地说：“孩子别怕，无论考好考坏，我们都是你坚强的后盾。”

而有的父母则一本正经地告诉孩子：“跟你说过吧，高考多么重要，别考砸了，否则看我怎么收拾你！”

为什么你的孩子总是比别人自卑？做父母的应该常常反省一下自己，你的一句话，可能成就他，也可能毁了他。

男女朋友交往时，女生不舒服，有的男朋友比自己生病还着急："难受得厉害吗？天冷了多注意保暖，别喝冷水啊，实在不行就输液吧，我下班后陪你去！"

而你却只是说一句："这么大人了还成天感冒，好了以后加强锻炼吧！"

所以，你分手了，知道原因了吗？

学会换位思考，想想怎么说、怎么做才能让对方更有安全感。

04

很多不会说话的人没有坏心，但却常常被人误解。

在公共场合下，自己的孩子犯了一点儿错误，于是你破口大骂，甚至还要上去打他，孩子被吓哭了，回家以后都不敢和你说话。

于是你又非常委屈地流着泪对小孩讲："爸爸（妈妈）不是成心要当着那么多人面骂你的，我这样做也是为你好啊。"

一句"为你好"，似乎囊括了全天下父母的苦心。但是，"为你好"的方式有很多种，您为什么偏偏就不能好好说话呢？

在单位里，与同事因为意见不同产生分歧，你控制不住情绪，于是对同事破口大骂，"问候"对方家人。事后你又登门拜访，给对方道歉：“你看，我就是不会说话，我这个人性子直，其实没有坏心，你不会往心里去吧？”

“不会。”

才怪！

很多人说自己老是说错话，说了不应该说的话，是因为自己冲动，性子直。

但是，性子直就可以骂人吗？性子直就可以说那些让对方听着很难受的话吗？

大家都是普通人，凭什么别人要让着你？

05

讲一个故事。

古希腊哲学家苏格拉底非常善于演讲，有不少年轻人慕名而来向他求教。

一天有一个小伙子前来，请苏格拉底教他演说的方法。紧接着，青年为了表现自己，在苏格拉底面前大谈演说如何重要。

苏格拉底等他说完了以后，向他索取了两倍的学费。青年不解，询问原因。

苏格拉底回答道：“因为我除了要教你讲话以外，还要教你闭嘴。”

这让我想起了前段时间阿里巴巴创始人马云说过的话，他说自己反感工龄在三年以下的员工谈论公司的发展前景和方向，因为他们什么都不懂。

是的，我们很多人误以为能说会道是本事，能言善辩的人才是聪明人。

其实恰恰相反，杜月笙看人有一条标准：“一群人中最安静的人，往往最有实力。”

能在滔滔不绝与闭口不谈间找到平衡的人，才拥有真正的高情商。

06

现在，我们很多人忽略了语言的力量：不过是一句话，能有什么？但语言似利剑，一句不合时宜的话，往往能刺伤人心。

良言一句三冬暖，恶语伤人六月寒。而我们说的话，不光表现了我们的情商，更体现了我们的教养。

那么，从今天起，学着成为一个会说话的人，好吗？

Part3
生活这件事，再难也别将就

既然生活熬不出来，
那不如趁早拼了

01

高晓松曾回忆，在自己感觉到特别迷茫的一段岁月里，有一次喝完酒后问李宗盛。

“生活到底该如何选择？”

李宗盛的回答让高晓松至今难以忘怀。

李宗盛讲：“生活嘛，无非就是两种，要么熬，要么拼，可熬过之后，发现还是要拼，那还不如早一点儿拼了。”

不知道为何，在中国，“熬”逐渐成为一种常态和习俗，人们对于“熬”的态度是理所当然的，老一点儿的人会对年轻人讲：“熬吧，你还这么年轻，等熬过去了，以后的日子就会好了。”

而那些更老一点儿的人又会对那些已经比较老的人讲：“你都这么大岁数了，没办法了，也只能熬下去了，再熬上个几年，就有盼头了。”

似乎“熬”是人生中不可避免的一个阶段，是过来人对后人的警示格言，“熬文化”在中国如此盛行，或许是因为中国几千年来封建统治带来的余毒，抑或是人们对于“熬”有一种盲目的迷信，觉得熬过去了生活就一定会更好。

然而，“望山跑死马”，生活在你熬过这个山头后，依然有很多个山头，到头来，你可能会发现，生活光靠熬是远远不行的。

02

在电影《肖申克的救赎》里，老犯人布鲁克斯的结局令人唏嘘。

在监狱中，老布鲁克斯的生活过得有滋有味，他深受监狱里的狱警和犯人的喜欢。在监狱里，他是一个有文化的人，他表现良好，从不惹事，还可以担任图书馆管理员的职位。可以说，对他来讲，监狱已经比外边的世界更有家的感觉。

因为布鲁克斯在监狱里优秀的表现，所以监狱决定提前释放布鲁克斯。按理说，离开监狱是一件多么好的事儿，但布鲁克斯却不乐意了，在监狱里煎熬了这么多年后，他反而觉得监狱更像自己的家，于是他甚至做出了拿刀要挟自己狱友的荒唐事情，当然最后他没能“成功”，还是出狱了。然而出狱后的布鲁克斯发现，外边的世界早已物是人非。他害怕向自己飞驰而来的汽车，觉得那是怪物；在超市工作上厕所时，他必须要向店主打报告，因为这是他三十年来每天要做的事情。

最后，老布鲁克斯实在受不了监狱外的世界与生活了，在一家宾馆里选择了自杀。

就像里边的角色瑞德说的那句话：“这些高墙还真有意思，一开始你恨它，然后你对它就习惯了。等相当的时间过去后，你还会依赖它。”

确实如此。

《肖申克的救赎》这部电影之所以伟大，能够常年占据中美豆瓣网的第一名，当然不是因为它教会了人们如何做假账和越狱，而是因为它有着极深的隐喻。

其实，我们很多人又何尝不是在用着一种熬的心态来工作与生活？电影里的那些高墙就像是我们心里那些无形的屏障，开始时，你恨自己这样的状态，觉得生不如死，可到后来，看着身边的大多数人亦是如此，便也认命了，觉得怎么过不都是一样吗，再到后来，自己便已经完全离不开这样的生活了。

如此，熬便已成了生活，而生活就是熬。

03

有一次与单位里的一帮同事吃饭，其间谈笑风生，大家聊得都很开心。

可酒过三巡后，有一些年纪稍微大一点儿的同事就开始垂头丧气，抱怨生活与工作的压力，其中一位同事的话令我印象深刻。

他说："刚开始工作的时候还有一些理想和抱负，可到后来慢慢觉得也就那么一回事儿，现在自己最大的心愿就是好好地教育孩子，而至于自己嘛，就慢慢熬吧，等熬到了一定年纪就舒服了。"

说完后，他便饮下杯中酒，再没有更多的言论。

我不知道这是多少人目前的心理状态，也许在很多人看来，熬也意味着另一种希望，熬过去就会有更好的生活，熬过去就会不一样。可大多数人只是在熬的过程中失去了斗志与勇气，在熬中慢慢凋零，最终过完自己的一生。

是的，熬无法让自己变得更好，只会让自己变得更平庸。

马太效应讲："凡有的，还要加给他，叫他有余；没有的，连他所有的也要夺过来。"

你以为熬可以让生活慢慢变好，实则不然。在时代剧变的今天，所有的铁饭碗、金饭碗都将不复存在，而单纯的熬只会让你变得一无所有。

04

中国的很多父母在教育自己的孩子时，都无法在关于客观世界上给予更多的回应，只会告诉自己的孩子："好好熬吧，磨炼吧，你看看那些国家领导人哪个不是在农村乡下熬过多少年的！"

这令人哭笑不得。

很多父母觉得熬会让一个人更加成熟，让一个人更坚强，更能在日后承担重任。

这种想法表面正确，实则错得离谱。

如果一个人始终以熬的状态生活和工作，那么这个人的精神世界实则是崩塌的。

苦和累有很大的不同。有些人拼命努力后觉得自己身体好累，但却是笑着说的，在他们心里他们是满足的、充实的。而那些一天到晚喊着自己好苦的人，无疑才是最大的悲剧。

熬只会让自己的生活变成一出悲剧。因为在熬的那些日子里，一个人会变，从阳光开朗到郁郁寡欢；从雄心壮志到萎靡不振；从励志要改变命运到浑浑噩噩，两眼无光。熬是对人的身体和精神的摧残。

而更可怕的是，在你熬过之后，你发现自己原以为的熬过后会好一点儿的生活其实也并没有什么改变。

05

美国有一个“奇迹女孩”名叫莉丝·默里。

她八岁开始乞讨，十五岁时，她的母亲因吸毒染上了艾滋病而精神崩溃，父亲则因酗酒最后进了收容所。

由于外公不肯收留，莉丝·默里只好流浪街头。

默里的人生看起来一团漆黑，这个时候她想，不拼也是死，不如拼了，看看生活会给自己什么。

于是，十七岁，莉丝·默里意识到自己要做出改变。她想去哈佛接受最高的教育，读最好的书。

她觉得她必须这么做，她没有选择的余地。

“我明白了，我做出改变的时间要么是现在，要么就永远不可能了。”

然而，处境如此艰难，于她而言，梦想的路上只有荆棘满地，哪有芳香四溢？

可她拼了命地学习，她不知道这样做会有怎样的结局，她只知道如果不去学习，自己只有死路一条。

最终，生活还是给了她一块甜美的巧克力糖，当然，这也是默里靠自己拼出来的结果。

1996年，她获得《纽约时报》一等奖学金一万两千美元，进入哈佛学习。

2003年，莉丝·默里毕业。欧普拉·温弗里（美国著名的脱口秀主持人）颁给她“无所畏惧”奖（chutzpah award）。

她见到了美国前总统比尔·克林顿；她和托尼·布莱尔和戈尔巴乔夫一起探讨时事；她向青少年宣扬要抵制住毒品和黑帮的诱惑，还鼓励他们不要把儿童时期的苦难当作不把握机遇的借口。

她还写了自己的传记 *Breaking Night*（《打破黑暗》，中文版《风雨哈佛路》）。电影《风雨哈佛路》也是以她为故事原型拍摄的。

试想，如果当时默里选择在自己的生活中熬，找一份机械性的工作，然后浑浑噩噩度日，等待天上掉馅饼，那么她可能到死也是社会最底层的一员。

当生活已将我们逼到绝境时，忘了熬这回事儿吧，破釜沉舟，去拼一次，也许你失去的只有锁链，得到的却可能是整个世界。

06

很喜欢电影《肖申克的救赎》中的一句话：

“有些鸟是关不住的，因为它们的羽毛太过鲜亮。”

安迪知道自己在监狱里，不管再怎么熬也无法得到自己想要的生活，于是生生凿了二十年墙壁，爬了一千米的下水道才重获自由。

而我知道，如果你目前的生活也让你感觉如身陷囹圄，那么熬只会让它更糟。

也许只有拼了，方能救赎。万不可辜负你那鲜亮的羽毛。

那些一直选择将就的人，最后都怎么样了

01

“最怕你一生碌碌无为，还安慰自己平凡可贵。”

这是最近几年被人们热议的一句话，既然是热议，那么就会有争议。有人说：“这要看你如何定义不平凡，是金钱、权力，还是追求自己内心的平和？”

也有人说：“平凡毕竟是大多数人的生活状态，做一个平凡的自己，也并没有什么不好。”

的确，到底什么是平凡，这对于每一个人来讲都是不同的。在你看来，很平凡的一个人，可能是他人心中的英

雄，而你的英雄，对于其他人来讲，可能什么都不是。可能在很多时候，你以为那是自己的极限，但实际上这不过是他人的起点，人与人的命运不尽相同，就像王小波在《沉默的大多数》中写道："这个世界根本不存在平等，尊卑有序才是社会的本质，只是很多人不愿相信而已。"

或许我们竭尽一生所追求奋斗的，不过是他人生来就有的。

但，这并不能成为我们从此便将就自己的理由。

02

你周末八点起床，本来计划着要早起出门跑步，吃一顿健康的早餐，然后用一整个上午来学习自己专业领域的知识，多么美好的一天啊。

可是，这个时候你的手机突然弹出了一条推送消息，提醒你最近很火的一部电视剧更新了。你想了想，反正是周末，辛苦工作一个星期了，给自己放松一下吧。于是你早起的计划泡汤了，看完电视剧洗漱完后发现已经九点多，本来是要跑步的，可已经太迟了，而且还没吃东西，想着便觉得胃部一阵蠕动，算了，也懒得下楼吃牛奶鸡蛋，干脆吃泡面吧。于是，你吃着泡面看着小鲜肉，时间又一点点过去了。

而当你终于想起来，今天上午还没有完成既定学习计划时，你赶紧打开电脑，拿出书本。学习了二十分钟后，时间已经快到中午了，你接到了一个朋友来的电话，要和你一起吃饭，你想了下，反正课程也不是没有学，差不多就行了，走吧。

于是，你心满意足地合上书本，结束了这个“充实”且“忙碌”的上午。

是的，从某种角度来看，这确实是差不多的一天。因为你还没有一觉睡到十二点，起码吃了早餐，虽然不是那么健康；你看了二十分钟的书，虽然时间有点短，但毕竟还是学习了。你可能会讲：“你去看看我的朋友圈啊，我和他们中很多人比已经很不错了。”

可是，你只看到了眼前，而你看不到的是，有更多的人比你优秀，却比你更勤奋。他们比你有钱，但过着接近自虐式的生活。你可以依然选择将就着过每一天，在不如你的人当中找找优越感，但长此以往，你与那些真正的牛人之间的距离只会越来越大，从开始的望其项背到最后的遥不可及。

你们是怎么拉开距离的？其实，真正的答案就藏在你用将就的心态过完的每一天里。

你怎么过一天，就怎么过一生。

03

有些人说：我在小事情上将就将就，但大事情上可从不含糊。

首先，人生有多少事情是大事情呢？其次，一个在小事情上都一直选择将就的人，在面对所谓的大事情上，他就真的有能力选择不将就吗？

在我看来，一个始终将就着自己的人，永远都得不到自己真正想要的。

一个将就的人会在面对一个自己并不是特别喜欢，但综合条件还说得过去的人时，无法改变自己一直以来将就的习惯，从而选择接受。可婚姻对于我们来讲，是大事吧，将就着与一个你并不喜欢的人在一起，会幸福吗？

同样，一个将就的人在职场上也是不靠谱的，把十件工作做到八十分的人永远比不上把一件工作做到一百分的人。而当他面对一份自己打心底并不特别热爱的工作时，他同样不会选择改变，因为现在过得也并不是很差啊，将就一下得了。可是，职业对于一个人来讲，很重要吧，把一份事业将就着去做，会有作为吗？

当你把优秀看成是标杆时，你眼里盯的始终是优秀。

可当你总是选择与将就为伍时，将就会与你一直同在。

优秀是一种习惯，将就同样如此。

04

有一个概念叫作“终局思维”，就是从现在的时间出发，预测将来最有可能出现和发生的情况。而现在不妨假设我就是一个一直将就的人，来看看五十年后会发生什么。

五十年后，我已经接近八十岁了，是一个迟暮不堪的老人，我可能依然很健康，因为随着医疗科技水平的进步，大多数的疾病都被攻克了。

我过得并不是非常富裕，但也一直能满足我的各种生活需求。我儿女孝顺，可能是因为我的家教还算有方，但，我早已不是他们生活的重点。

我会时常看看我身边的那个女人，她和我一样，也已经垂垂老矣。我会想，当年虽然不是很喜欢她，但这一生也就这样过来了。

这些画面也还算得上美，不是吗？而且可能在五十年后，科技已经发展到另一个高度，我甚至能活到一百岁，我可能什么都不用去想，我会住在一家高级的养老院，由漂亮的护士照顾着，我会一直这样过很久，直到某个宁静的下午，在风吹落一片树叶后，离开这个世界。

可能这就是一个一直将就的人的终局吧，不会太差，因为时代在进步，科技的发展就是为了让更多的人过得更好。但是，人生的意义又是什么？

有一句话说得很犀利："有些人二十五岁的时候就已经死了，只是等到八十岁才埋葬。"

是的，人生是什么？是游戏吗？可能吧，但我觉得人生更像是回忆，在你的终局到来的时候，一切都不复存在，只有你脑海中关于这一生的回忆永存。

而我希望在那一刻到来的时候，我的脑海里关于这一生的回忆画面是：我曾有爱过的人，轰轰烈烈；我有为之奋斗过的事情，荡气回肠。

如此，便不枉一生。

年轻时，
多给自己的命运凿几个出口

01

这一代九零后们，通常都会面临一个问题：

自己既被老一代七零后，甚至六零后的传统保守观念影响着，却又向往零零后那种目空一切的状态。

九零后出生的节点非常有意思。在他们成长的这二十多年里，我们的国家甚至世界都在发生着史无前例的巨变，过去那个车马书信很慢的时代就像一辆行动迟缓的马车，亦步亦趋地行走了几千年，但偏偏九零后出生不到二十年，那辆迟缓的马车便被装上引擎，安上轮胎，摇身一变成了一辆法拉利跑车。

而九零后们，从懵懂无知，到渐渐成熟，在这二十多年里，无论是他们的价值观还是知识体系都不断地在崩塌里重新构建 。

于是高晓松在节目里感叹："我回清华演讲说了两个小时的诗和远方，结果下面同学都问我：'学长，我毕业后是该去国企还是私企？'可能在这个该死的时代，没有人知道下一步我们会前往何方，没有人知道下一次浪潮扑来时，倒在沙滩上那批人，有没有自己。"

02

最近有一部很火的电视剧《都挺好》，抛开复杂的原生家庭不谈，里面苏家的老大苏明哲是一个程序员，毕业于清华大学，专业能力也很强，但在美国却不得不面临失业，和他同一公司被辞退的同事，迫于生计甚至要去当服务生。

是他的能力不够、学历不够吗？显然不是，在投资中有一个理论叫作"羊群效应"，说很多人在做决策时并没有足够的耐心去获得有效的信息，而是选择盲从，简单点儿说就是随大流。

就像是在十年前，计算机、金融等专业很热门，人们就像疯了一样，无论自己小孩儿考多少分都要让他们学金融，学编程，好像只要学了金融和电脑就都有机会变成巴菲特和乔布斯。在竞技体育中有一句名言叫作“大热必死”，说的是那些被所有人看好的球队往往会爆冷出局，我觉得这句话也适合用在这儿。人们像马蜂般押进一个行业时，就一定会在很短的时间内让它变得饱和，而学过一点儿经济学的人，只要了解供需关系就一定明白，当供大于求时，利润也就会随之递减。所以很容易理解为什么现在很多刚毕业的大学生工资低。一个原因是现在高学历的人越来越多，而另一个重要的原因就是，你当时费劲挤入的行业，现在已经日落西山。

所以，努力是重要，但努力的方向更重要。

03

这些年很多人都在讲逃离北上广，似乎一线城市成了一个我们情绪的出口，好像只要离开北上广回到自己的家乡，一切就会都好起来。

而四线、三线城市的年轻人，又觉得自己身处的地方太过安逸，自己待的单位只适合中老年人养老，于是经常蠢蠢欲动，觉得自己应该找个合适的时机离开。

可问题是，在这个人人都焦虑、都缺乏安全感的时代，你有没有问过自己，是否真正地做好了准备。

现在在北上广生活，你觉得压力大，想要逃离，但你觉得回到小城市就不需要面对买车、买房的压力吗？觉得小城市活得太“佛系”，把你放到更大的地方去，你真的能适应“996”的快节奏吗？

答案因人而异，每个人心里面对于幸福的理解也不尽相同，但假如你目前已经对自己有了一定的认知，那么做到提前规划总是对的。无论将来选择小城市，还是大都市，对于年轻人而言，都需要先锁定赛道，储备专业知识和经验，提前学习外语，掌握专业以外的技能，多给自己的命运凿几个出口。

04

在我们父辈的年代，可能一张办公桌能用半生，单位大院就是一个人职业生涯的归宿，生于小城、终于小城，被安排，是大多数人的宿命。

在过去，因为网络时代尚未来到，城市与城市之间的距离格外遥远。这个距离是信息不对称的距离，大城市的人通过优先获得信息便能轻松掌握时代的风口，而生活在小城市的人十分闭塞，虽然隐约知道外面好像有更大的一个世界，更富的一群人，但他们是如何做到的，却百思不得其解。于是信息和机遇，便成为两者中间最大的一道鸿沟。

网络时代以后，由信息不对称带来的红利逐步消失，命运的缝隙也变得越来越小。通过网络，一个身在小城市的人和生活在北上广的人完全可以获得同样、同速的信息，你想学的任何技能知识也都可以在网络上实现，关键是你要知道自己想要什么，什么才是你内心深处的那个幽灵。

我们都知道“黑天鹅”事件，它代表着意外，是极其罕见、出乎意料的风险，它存在于各个领域，无论是金融市场、商业、经济，还是个人生活，都逃不过它的控制。但与它相对的另一个概念叫作“灰犀牛”，它代表着那些太过习以为常，以至于被我们忽略的危机。

如今，“灰犀牛”沉默地冲来，最先被踩踏的是那些困守原地的人。

生在三线城市里，怎样活才能不迷茫

01

生活在一座三线城市里，其实想要活得心安理得是一件很容易的事情。

之前和一位搞文化传媒的朋友坐下来喝酒聊天，我问他："我真心觉得在创作方面你很有想法，但在咱们这里你很难有机会去拍自己想要的东西，你不会因此而难过吗？"

他说："以前也想过出去闯荡，但回来两年后认为：为什么非要出去呢？现在虽然可能无法拍自己喜欢的东西，但好歹活得有滋有味，尤其像我们这样的自由职业，休息的时候可以和朋友出来喝喝酒，聊聊天，为什么放着舒服不选，而要去一线城市受罪呢?”

于是他真的就像和我说的那样，每隔几天就要在微信朋友圈里晒自己混迹在各种场合的视频，视频里的气氛总是很欢乐，有人唱，有人跳，可我却感受到了在他醉酒狂欢背后的那一丝失落。

是的，他曾经告诉我他想成为王家卫那样的导演，而不是只为了谋生拍东西，可现在在我目之所及的范围内，他已经对现状满意，开始变得得过且过。

02

想要在一座三线城市里过得舒服一点儿并不难，在这里没有高到令人绝望的房价，如果你的家庭条件还算可以，就几乎不用为了住房担忧。

在这里竞争压力也没有那么大，如果你是研究生毕业，那么你几乎是在人才里面的前百分之十之内。

在这里生活节奏也没有那么快，大多数人都过惯了朝九晚五的生活。

你看着周围的朋友、同事都是那样，仿佛一切早就被安排好了，也就渐渐习惯了当下的日子。

有人说在三线城市里依然要保持自己的思考，不能人云亦云，但现实中做起来确实很难，就好像很多家长打破头也要让自己的小孩儿念好一点儿的小学、初中一样，并不是老师的差距有多大，而是好的学习环境确实会影响一个人。

在一座小城市就有这样的感觉，前一天晚上刚打足鸡血，踌躇满志地准备好好干一件事情，结果第二天看到周围的人都闲庭信步、无所事事，自己的信念难免就会有一丝松动。

“大家都是这样，不也过得不错吗？我干吗要这么累？”

日复一日，你内心的火种慢慢就熄灭了。

03

之前和一个在美国工作的朋友聊天，她和我说：“对于普通人来讲，美国真的是工作的天堂，因为在这里你只要有能力就能得到相应的回报，而不是依赖关系。”

而在一座三线城市内，关系是你根本无法逃避的因素。很多人无论干什么都会扯上关系，上学需要关系，工作需要关系，看病需要关系，甚至晚上吃饭想提前订个酒店也需要关系。关系就像一张巨大的蜘蛛网，恨不得笼罩你生活的全部角落。

于是作为一个年轻人，经常会遇到这样的纠结：一方面，年轻人不愿意再按照老一辈人那样的活法，事事依靠关系，不愿磨平身上的棱角，想凭借自己的能力和知识改变命运。可另一方面，你看到周围很多鲜活的例子，很多人不断靠着关系步步高升，不断品尝着各种甜头，他们似乎在告诉你，来吧，成为和他们一样的人，你才能在这里好好地活下去。

在三线城市里生活，你无法当下就能做出一个坚决的选择。在这里，当内心笃定的自己和外界的现实不断产生碰撞时，很多人选择了后者。

苟且往往打得诗和远方毫无还手之力。

04

说一下我自己，2014 年 7 月，我上班的第一个星期就跑去辞职，因为在国企内我看到了一个一眼就能望到头的未来，而这绝对不是我想要的。

当然，最后我还是没走，因为家人觉得我这是无比幼稚的行为。

但你要问我，有没有为当时的决定后悔呢？说实话我也不太清楚，可能如果我当时决意就选择离开，我的人生大概又是另一番景象，但是这个世界从来就没有如果。

这四年以来我也经常感到迷茫，上面说的那些纠结其实就是我内心的纠结，我甚至会因此而陷入失眠。

直到后来我在一本书上看到了一段话：“无论你现在感到多么无助和迷茫，永远不要放弃去成为一个更好的人，停止胡思乱想，去把你的精力放到一件你认为有价值的事情上，不要在意他人怎么评价。”

把精力放到一件我认为有价值的事情上，这句话惊醒了我，我开始读书、写作、听课、学习各种知识。通过学习经济学，我明白了，改变现状并不是一件那么容易的事情，也并不是所有的人生非要推倒一切后重来才有希望，因为那样的成本太高了。

我开始意识到，不管生活在一线城市还是三线城市，无论是在美国还是在中国，想要成为一个更好的人其实都一样，它取决于你内心的渴望。

抱怨身边的人不学习，你可以加入网络社群，和喜欢学习的人在一起；认为三线城市太过安逸，你可以选择早起、晨跑，干一件需要坚持下去才能完成的事情。

你可以有很多的选择，而不是因为它是三线城市就自暴自弃。

你可以去做一个更好的人，就在你选择行动的那一刻。

二十六岁的你，
正在给十年后的人生埋下怎样的彩蛋

01

清明假期和发小出来吃饭，饭桌上他对我说："真害怕看到十年后的自己还是和现在一样，平庸得像粒沙子。"

碰巧最近关于"你的同龄人正在抛弃你"的话题很火，似乎我们这个时代正在把人逼到一种地步——如果今年你不立刻挣到一百万，那么人生就没什么意义了。

这种焦虑正在我们周围蔓延，仿佛黑云压城，让人透不过气来。

02

我身边的朋友大多与我年龄相仿，二十六岁左右，但在与他们聊天时，我已经不免感受到他们对于“中年危机”的恐慌。

过了二十五岁的分界点，似乎三十岁变得触手可及，在中国人的传统思维里，三十而立，二十几岁也许还有试错的机会，在失败后人们会说“没关系，毕竟还年轻”。

而到了三十岁，你的父母在慢慢变老，需要你去照料；孩子慢慢长大，需要你精神上和经济上的双重陪伴。你，是一家之主。

突然想起知乎上那个问题：为什么有人开车回家，到了楼下还要在车里坐好久？

下面收到点赞最多的回答是：“不是不想下车，而是因为，那是一个分界点。推开车门，你就是柴米油盐，是父亲，是儿子，是老公。而在车上，你一个人想静静，抽根烟，这个躯体只属于你自己。”

03

二十多岁的人在担心十年后的自己，说实话，很多夜深人静却又难以入睡的夜晚，我也辗转反侧，焦虑不已。

可我们在担心什么？很简单，我们怕自己做不好。

“万一到那时挣不到足够的钱怎么办?”

“万一被同龄人甩得太远岂不是很丢人?”

“身边的伴侣会像今天这样爱自己吗?”

“孩子会输在起跑线上吗?”

……

我想这些问题不光困扰着我，也困扰着这个年纪的绝大多数人，人们对于不确定性的厌恶，很大程度上不亚于损失。

那么，既然你如此焦虑，你又准备为十年后的自己做什么样的打算呢?

在回答这个问题之前，先不妨把时间拉远，拉回到十年之前，那个你今天只要一回忆起就会气得直跺脚，哭丧着脸后悔没好好学习而是贪玩儿和早恋的年代。在那个时候，焦虑和压力存在吗?

显然是有的。即使到现在，我依然会时常梦到自己回到了高考前的那一夜，我没有为考试做任何复习……然后我很快从梦里慌张地醒过来。

所以即使是在无忧无虑的学生时期，焦虑也一直存在。我的大学会在哪儿念？我将来会从事怎样的职业？会成为怎样的人。

从当时来看，那个将来就是十年后，那个将来就是今天的你。

04

前段时间唐山撤销收费站。很多人担心自己的工作有一天也会被取代，只要想到这一点，整个人就都不好了。

是的，也许在未来，人工智能高度发达的一天，你的工作会被机器人取代。就如同今天的收费人员被 ETC 取代一样，但这个过程绝对不是一蹴而就的。

十年前，我们说："学习有什么用？学得再好到最后还不是拼爹！"

十年后我们才知道，学习依然是这个时代实现阶层跨越的最好方式。一个考上 211 大学的人，当然未必就会比专科生将来混得更好，但毫无疑问，考上一所好的大学，就能接触到更优秀的人，学习更系统的知识，接触更广阔的领域。从概率上讲，考上好大学的人就更容易获得自己想要的人生。

当然，十年前的我意识不到这一点，站在那个貌似潇洒的青春节点上，我天真地以为“车到山前必有路，船到桥头自然直”。

05

说了这么多，并不是为了打消你的积极性，告诉你“破罐子破摔”。要知道，这世界上想要回到二十六岁，甚至三十岁之前的人，估计用肉眼都数不清。

那么为了让十年后的自己不再发出像今天的叹息，我建议我们一起去做这几件事。

1．去做那些重要但不紧急的事情。譬如健身，学习一门外语，以及成为各自领域的专家。

2．把职业和工作分开，树立长远的职业规划。事务性的工作常常令人焦头烂额，却鲜有对你能力本质上的提高，可人们又常常会被自己感动，忘记在商业社会没人关心你努力的过程，大家只看结果。

3．学会接受延迟满足。为什么游戏总是让人着迷？是因为它能带给你及时的反馈。可玩过游戏的人又会觉得空虚，于是越空虚越着迷，越着迷越空虚……不要总是安慰自己时间还很多，时不我待，要学会把糖果留到真正该庆祝的时刻。

06

之前在网上看到有一个网友留言说：

“我二十八岁，大龄剩女，高中毕业，月薪三千，没学历，没专长，没能力。估计这辈子是没救了。”

其实我觉得能意识到自己没救了，那就还有救。起码看到了自己的不足。

没学历，就去学；没专长，去培养；没能力，去锻炼。选择总是有的，就怕你在二十多岁的年纪就心满意足或是心灰意冷。

我们今天对自己的失望或是不满意，大多取决于你十年前的选择；而你今天要成为怎样的人，又会决定十年后的你。

那么，二十六岁的你，正在给你的人生埋下怎样的彩蛋？

三线城市人的舒适怪圈

01

逃离舒适区，是最近这几年经常听到的一句话，作为一个三线城市人，我更时刻将这句话放在耳边，因为总有一个声音在我周围萦绕，就是：现状挺好的，为何要改变呢？

我们大多数人总是会对未知的事情充满恐惧，对不确定的事情感到憎恶。

遗憾的是，在这个时代我们需要面对最多的就是不确定性。那些每天扑面而来的海量信息会冲昏你的头脑，让你无从分辨真假；一个看似稳定的企业，实际上早已暗流涌动，危机四伏。

过去的爱情是“十年一觉扬州梦”，醒来后发现那个深爱的人依然不离不弃。而现在呢？一对刚分手的恋人恨不得第二天就忘了对方。

在这个变幻莫测的时代，即使是过去我们坚信的，现在也没那么相信了。

02

在三线城市，也就是在我的家乡生活的这些年，我目睹了很多才华横溢的年轻人走向堕落的深渊。

他们本来大多都很有想法与创意，但是酒精和饭局却慢慢麻痹了他们的野心，直到在他们的瞳孔里再也看不到欲望。

是的，当你在北上广深这样的大城市里时，你知道，自己（大多数人）是这城市两千万人当中无关紧要的一员，面对着川流不息的汽车，独自站在十字路口，那是怎样的孤独。

当然，我未曾切身体会过，但却依然可以感同身受并与之共情。与此同时，我也能感受到，在这样的大城市里，自己想不上进都是一件困难的事情。当你看到周围的人都是满身绝学、才高八斗时，只要你还有一点儿斗志，不想成为被淘汰者之一，就必须做点儿什么，哪怕成不了最优秀的，也最起码要做到在这个城市立足。

因此，对于一、二线城市的人来讲，他们大多数人，不管主动被动，想还是不想，都必须逃离舒适区。

03

然而，在一座三线城市里一切就都不一样了。

（1）你的工作将相对容易很多。在一个人口不足百万的城市里，并没有像大城市那样复杂的事务和繁多的人际关系需要处理，你只需要干好自己手头那一点儿事情就够了（普遍上班族如此）。

（2）接收信息的渠道相对闭塞，感觉自己生活的小城就是整个世界。你可能会说在互联网这么发达的今天，只要有一部联网的手机就能尽知天下事。

但事实是，所有的信息都有源头的，如果一个人从来都不接触某方面的信息，也觉得自己从来不会用到，那么这个信息即使就放在那里，对他来讲也是不存在的。

（3）看上去一切都很美，为何要改变？相信我，这个世界上一个人的幸福感不是取决于绝对值，而是相对值。在三、四线城市生活的人，如果一个月挣三千，那么他只要比身边的那个挣两千八的人多就很开心了。

相反，在大城市，如果你一个月挣八千，可你身边的其他人都挣两万，那么他也是极其难过的。所以，在三、四线城市，既然我比周围的人还都要强那么一点点，为什么还要改变呢？

04

我一直喜欢狄更斯说的一句话："这是最好的时代，也是最坏的时代。"

重点就是，我们该去怎样定义它，如果你认为这个时代处在一个各方面都停滞不前的时期，那么保持现状，任凭岁月静好就没有错。

可是，如果你觉得这个时代处于一个剧烈变动的时期，贫富差距越来越大，阶层固化的天花板正在形成，那么守住自己现有的那点儿东西还正确吗？或者说，你能守得住吗？

老实说，我非常热爱自己的家乡，热爱这里的人和物，这儿有我熟悉的老街，出门走五分钟的路程就能跟好友见面。

可是，我又为身边人的状态包括自己的状态感到不安。因为在内心深处我总会觉得，那些恬淡、安逸和午后慵懒、充满阳光的日子脆弱得就像一张宣纸，在这个时代巨大的洪流下会被冲击得支离破碎，而我看着它发生，却无能为力。

当我们在这里谈论未来时，总觉得那会是很遥远的事情，会认为等到那一天很多事情自然会水到渠成，而自己仍旧过得津津有味，可是，事情的真相或是未来会如此甜美吗？

那些口中的未来，是否早已经开始，抑或是正在酝酿中？我们不知道。而当那股洪流真的冲向我们时，我们又该何去何从？

大势将至，未来已来。

05

当然，事情的真相也没有这么悲观，我还是相信有些人即使面对这股看不见的潮流依然会过得很好，能守住自己的阵地。

可一切选择的背后又何尝不会付出代价？有的人希望维持现状，代价可能就是跟着别人的脚步走，不会有大的成就。

而如果你选择大胆地预测未来，冲破自己的舒适区，挑战一些之前没有接触过的事物，你可能会得到更多，但也将面临更多不确定性和接连而至的挑战，从此与所谓的安稳无缘。

但是，我最后依旧想说，年轻人，去探索，在稳点儿的基础上去大胆地突破，因为，你失去的只会是枷锁，得到的却可能是整个世界。

原来，免费的才是最贵的

01

每次看到那些只为了领一盒免费鸡蛋就排长队的人们就会暗自提醒自己，永远不要成为他们其中的一个。

倒不是因为其他，只是对于时间，每个人都有自己不同的理解。

在银行，总有些客户不管办什么业务，就会开口问你：“有没有免费的礼品？”即使那个礼品只是价值不到一元的抽纸，他们拿着也会很开心。

而如果你不给，他们就会带着不屑的表情，然后步行半小时去另外一家可以送他们抽纸的银行，然后在某一天，带着占了很大便宜的感觉回来对你讲：“你看，某某银行，人家就有小礼品！”

你的生活不会因为那小小的一盒抽纸变得更好，但那本可以节省的三十分钟，却从你生命中消失了。

可能有些人会说：“我什么都没有，可就是有时间。”

错了，时间并不属于任何人，它冷酷、决绝，却又公平，它不会为任何美好或是荒谬驻足停留，甚至连看都不会看一眼。时间，会让你成为更好的人，相反，也可以让你平庸得一无是处。

想起一句很有哲理的话：“当你的时间开始值钱了，你会发现免费的东西都十分浪费时间。”

02

今年以来陆续学习了一些付费课程，也加入了相关社群，我发现了一个很有意思的事情。

凡是我花钱进入的社群，氛围都很好，大家很自律，到了讨论临界点，即使之前说得再热火朝天也会停下，因为怕打扰别人休息。在这样的社群里，我认识了不少天南海北优秀的朋友。

那些我免费加入的社群就不同。群里每天除了发各种广告，就是讨论一些毫无营养的问题。不出三天，我就退出群聊。

你看，那些我本来付出了的，结果让我收获了知识和友谊；然而那些我妄图占便宜的，结果却使我一无所获，还浪费了时间与注意力。

这让我想到经济学中的一个理论：免费只是你不用为此直接付费而已，但并不代表你或者他人就不会为此支付其他成本。

03

上星期被一条微信朋友圈刷屏了，大概内容就是你集齐多少个赞就能免费参观当地的一个海洋馆。

其实，稍微动动脑筋的人就能知道，光靠集赞就能去的地方，能有什么价值？

可很多人依然趋之若鹜，生怕去不了。

结果昨天，有些人就又发微信朋友圈开始抱怨。

原来，哪有什么海洋馆？进去以后才发现竟然是放了几个鱼缸在那儿糊弄人，搞得很多人失望不已。

这样的例子其实屡见不鲜，甚至有的人会私聊让你为他的某条朋友圈点赞，为的只是能去一个毫无观赏价值的地方，或是得到一瓶本就很廉价的免费香水。

表面上你占了便宜，获得了免费的体验和商品，而实际上，你要求对方帮你点的赞，都是自己欠的人情。

我身边就发生过这样的事情。

我有个朋友有一次和我聊天时说："某某真有意思，他每次发朋友圈要集赞免费拿什么东西，我都积极给他点赞，他倒好，我昨天就发了一条，他竟然还不点!"

我知道，他可能是没看见，或是忘了，但对方未必这样想。

你看，出来混，迟早是要还的。

04

经济学中有一个词叫"机会成本"，意思就是你为了得到一样东西而可能放弃的最大代价。

举个例子：晚上你本来是打算学英语的，可你突然觉得好累，于是你选择去打游戏，那么你为了打游戏而放弃的最大代价就是学习。

从这个角度来看，打游戏和学英语在你心里是一样重要的。你可以为了轻松地打游戏而放弃学英语，但同时你可能就学不好英语了。

同理，我们身边很多人也是如此，不断追逐所谓的免费。在他们看来，时间、人情、注意力，甚至健康都是可以随时被放弃的机会成本。

曾经看过这样一则令人哭笑不得的新闻：一个人为了吃一顿自助餐，提前两天便不吃不喝，为的是能在自助餐厅吃回本钱，没想到因为当天过于暴饮暴食，所以肠胃出现了问题，结果去医院治疗花了好几千。

很多时候看起来是免费的东西，其实会让你失去更多。做选择的时候，多考虑考虑因为当下的选择而付出的最大代价是什么。

05

很喜欢一句话："看一个人到底行不行，别看他说了些什么，要看他把时间用在了哪儿。”

不是说所有排队领免费鸡蛋的人都是失败者，只是用一上午的时间去换取一盒鸡蛋，不觉得太可惜了吗？

当然，我也不是鼓吹付费的东西就一定好，我反对速成。只是我觉得，花一点儿钱去买一种更有效率的学习方式，很值得。

你在视频网站上看电视剧，非会员就必须忍耐长达两分钟的广告；你在朋友圈让人免费帮你点赞，无形中就亏欠了很多人情；你非要趁着高速公路不收费出门旅行，不仅多付了油钱，还降低了出行体验。

到头来，所有免费的东西，都标上了你看不见的价格。所谓的免费，不过是以其他形式进行了支付。

如今细细想来，原来当初免费的，后来全变成了最贵的。

听说你写作的目的是赚钱

01

前两天和一位曾经写出过一篇文章阅读量超过百万的作者聊天。

我问他：“你怎么看待现在越来越多的人开始写作这件事？”

他的回答令我深思。

他说：“我十分不愿意承认的一点就是，虽然现在写作的人越来越多，但你看吧，很多人不过是看到有人靠着写作挣了钱，就以为这是一个风口，于是火急火燎地随大流，想乘机分一杯羹，其实，他们根本不喜欢写作这件事。”

我又问他：“你曾经写出过爆款文，那么写作给你带来了多少实际收入呢？”

他哈哈一笑，说：“确实，写出那篇爆款文让我挣到了几万，并且涨了将近一万粉丝，但之后文章的阅读者仍旧寥寥无几，毕竟我也不是大作家，写作终归就是我的一个业余爱好，我写作更多的是给家人和朋友看的。”

这位朋友的诚恳让我也不禁反思，写作究竟是为了什么？

02

最近有幸做了一次关于写作的分享，其中一条我说写作一定要写出自己的人格，写出有辨识度的文字。

原因很简单，照搬别人的套路去写可能开始的时候会让你的文章拥有不错的阅读量，但对于个人来讲，这是毫无意义的，人们往往看完之后会觉得这篇文章写得还行，但绝对不会关注作者本人。

换句话说，人家放着一张一百分的试卷不看，偏要跑过来关注你这个靠作弊得了八十分的？

悲观地讲，在自媒体时代，写作者的阶层固化甚至要比现实中的还要明显。

大号们吸引了人们本来就为数不多的碎片化时间，因此而挣得盆满钵满，他们早早就占据了市场的认知高点，在山头上插下旗子，告诉后来者，对不起，你们来晚了一步。

不要抱怨自我感觉写得文采飞扬，但依然无法得到读者的青睐。饥饿的时候吃的第一个馒头会让人觉得这是美味佳肴，而在吃到第十个时，那就不是在吃饭，而是在受刑。

无他，天下武功，无攻不破，唯快不破。你写得很好，可惜慢了一步。

03

我从去年六月到今天，总共写了大概有十五万字，在各个平台都有很多陌生人加我为好友，问我写作的经验。

令我感到有些失望的是，大多数人都在问我写作的方程式是什么，却鲜少有人提到关于写作思维方式的问题。

很多人将自己与写作分离，他的文章里讲的道理都很对，但他自己却一条都做不到；他在文章里教育所有人如何才能变得情商高，结果自己在现实生活中却依然说话不经过大脑。

写作，终究是为了让我们更好地生活。

再华丽的语言，再高级的认知，如果单单停留在纸上，那么便毫无意义，让你值钱的永远不是文章本身，而是通过文章能让你获得的东西。

04

相对于费尽心思雕琢文字，我更钦佩那些真诚写作的人。

在文笔上极尽功利，获得多少掌声和赞许，就要承担多少代价。

《在路上》的作者凯鲁亚克要借助安非他命才能写出飞驰的句子；《麦田的守望者》的作者塞林格需要离群索居才能拥有文字上独特的质感；《老人与海》的作

者海明威吞枪自尽，因为他的笔墨远远达不到他要求的力量和速度。

越是在文字里给人以光明和希望的人，内心也就越真诚。

才华和灵气可以让人获得当下的认可，但却不足以抵抗时光的侵蚀。

真诚，唯有真诚能够坚强地抗拒时光，让人历经黑暗与低谷后，在那个叫作心的地方停留下来。

05

所以我呼吁那些并不真正热爱写作的人停下来，我曾认识不少套路高明、文采飞扬的少年，却因为写了数月后迟迟无法变现而选择放弃。

他们离开的时候失望地对我说：“原来写作并不能赚钱。”

是的，带着巨大的幻想前来，最后却被现实无情地拍在地上，这就是真相。

写作没那么神奇，它承担不起改变你命运的重担，甚至你会觉得写了半天最后自己仍然一无所获，后悔当初还不如去老老实实地卖卖面膜。

你不去写，你的人生也并不会有任何不良反应。相反，人生中有太多事情要比写作重要。精进专业知识，学习生活技能，陪家人逛街聊天，你可以从这些事情上得到及时有效的反馈，不用像写作那样，写完五千字后回头看看，却觉得自己写了一坨狗屎，这会让你痛不欲生。

不会写作，不爱写作，没关系，通往彼岸的路又不是只有这一条。

毕竟，所有无法靠热爱持续的，都没必要强行坚持。

06

《寻梦环游记》里有一句台词说："死亡并不是人生的终点，被所有人都遗忘才是。"

很多少年历经千帆，最后变成了"油腻"的中年人，那些往昔的梦想与情怀会在日复一日的琐碎中被消耗殆尽，终于被遗忘在岁月里。

如果你觉得当下的自己应该被铭记，至少被自己记得，那就开始写吧。文字的存放期限足够久，久到即使穿越漫长的时光，可能我们早已垂垂老矣，可当某天早晨，阳光穿过那些文字和你的身体，投射到你面前时，那个当年的你依然清晰，依然未曾走远。

是的，我们终将老去，但在梦里我们永远年轻。

Part4
别让自己只是看起来很努力

承认吧，
你想逃离的并不是体制内

01

这些年，逃离体制内似乎成为一种流行。

过去，多少人挤破头皮都要钻进体制内，而如今却出现了许多拿着铁饭碗还要扔掉的疯子，这在老一辈人看来就是一种接近于自杀的行为，按照现在的说法，就是“作死”。

于是很多人站出来辩解：“不，时代已经变了，在体制内我们的才华根本无法施展，只有出去，到体制外才能真正实现我们的梦想。”

对于说这些话的大部分人，我的态度是：没错，你们就是“作死”。

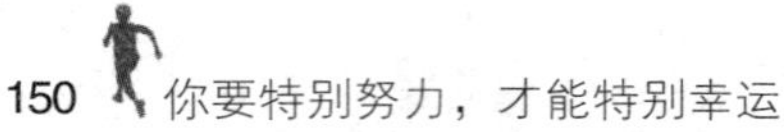

02

在移动互联网时代之前，车马很远，书信很慢，一个人想要让别人知道自己有才能确实很难，因为信息传播不出去，你再有才能，别人也不知道啊！

但是，现在呢？这是一个恨不得把你剥光了让你站到所有人面前的时代。过去，人们害怕其他人不知道自己的一言一行，如今，你看看多少人在朋友圈设置了仅能查看三天之内的状态。手机已经把我们带到了一个“你如果有才，想不被发现都难”的时代。

这时候，似乎体制内就成了替罪羊。可怜的体制内，曾经的你，集万千宠爱于一身，可现在却被无情地唾骂。

“体制内的人都是混吃等死型。”

“在体制内学不到真正的本事，浪费青春。”

“体制内制度黑暗，有才的人根本无法施展。”

于是乎，体制内便成为很多人无所作为的挡箭牌，成为被口诛笔伐的对象。

03

如果我没有记错，现在互联网行业的很多牛人都是从体制内出来的，像罗振宇、马东都是从央视离开后，创办了自己的公司，可他们二人在离开央视的时候都已经接近四十岁，可谓“老夫聊发少年狂”。

有人说，要等到这个年龄再去创业，感觉风险好大啊，一旦失败连再次翻身的机会都没有。

表面来看确实如此，时间不站在他们这边，但事实却恰好相反。

像马东、罗振宇这样的创业者，当他们还身处于体制内时就知道，如果有一天要走，也不可能是拎包走人的状态。因为在体制内工作了十多年，他们有着相当出色的工作能力，并且还在业内有一定地位，将来不管干什么都有相当多的优势，即使初次创业失败了，也能很快东山再起。

是的，对于那些每一天都把自己当成打工者的人来说，体制内似乎真的阻碍了他们发展，可离开体制内，他们就真的能发展吗？

只有把体制内当成平台，认为每一天都是给自己打工的人才是真正的赢家。

04

身处于三线城市体制内企业的我，曾经无数次希望逃离体制内。过去两年多，我也时常午夜梦回，辗转反侧，找不到自己的方向和动力，在黑暗中悄悄问自己："每天做着相同且枯燥的工作，有意义吗?"

可我越是挣扎，越是想知道答案，就越感到彷徨失措，就好像被一只无形的手按到水里无法呼吸一样。

到后来，身边陆陆续续有一些同事辞职，当时我很羡慕，为他们敢于做出改变的勇气所感动，觉得他们终于能过上自己想要的生活了。

可惜，童话故事美好，但现实充满波澜。

在之后与他们的联系中，我了解到，除了个别人过上了自己所希望的生活外，更多的人在感受了几天不被人管、看似自由自在的生活后，反而活得更加迷茫和焦虑。他们和我讲："过去，还知道自己该抱怨什么，现在连抱怨的对象都没有了。"

于是，我慢慢地明白，很多想逃离体制内的人，并不是因为他们所说的体制内无法施展自己的才华。这些只不过是为自己逃避现状找的借口而已。

真正的原因是，大多数人无法忍受现在平庸的自己，而又不愿意从自我找原因，做出切实有效的改变，于是便将这一切都推给体制内，认为只要逃离了体制内就能过上自己想要的生活。

有些人真的选择离开了，但却发现外面世界的无奈远远大于精彩。而有些人选择继续留下，可依然浑浑噩噩，尽其所能地找理由，以此来发泄心中的郁闷，可这又有什么用呢？

那些想逃离体制内的人，并非厌恶体制内本身，可能他们厌恶的是内心深处那个软弱的自己，他像魔鬼般折磨你，使你抓狂，让你绝望。

但是，一切使我们陷入绝望的原罪都是我们自己，而能拯救这一切的，也只有我们自己。

你的努力程度之低，还轮不到去谈天赋

01

去年关注过一位坚持日更的公众号作者，并且加了她的微信。

她的文章很多次都提到，日更是多么艰难，每天下班后要坐很长时间的地铁回家，吃完饭，睡意蒙眬，但还是要打开电脑完成当天的任务。

说句实话，她的文章质量真的不敢恭维，很多篇我看了都是流水账式的，文字既没有深度，也没有美感。

有一次我和她聊天就问她：

“你这么忙为什么还要日更呢?”

她说正是因为觉得自己写得不好才要日更。

“那你觉得写了一年有进步吗?”

她发了个尴尬的表情说没有，还是写得那么烂。

“那你写作的目标是什么?”

她斩钉截铁地说：“写出爆款文章。”

“你不觉得以现在的文章质量不可能做到吗?”

“量变引起质变!”

我无语了。

好，那我们今天就聊聊什么是量变引起质变。

02

就拿学英语这件事来说，很多人抱怨自己学了这么多年英语，大学毕业后就把所学的一切交还给学校了。

还有人说自己没有语言天赋，这辈子就没指望学好英语。

事实真的是这样吗?

大学时，我在一家培训机构学习雅思，遇到一位学霸，在一次英语角分享时，他和我们说：

“为什么那么多人学不会英语，是因为大多数人不敢踏出自己的学习舒适区，他们听说背单词有用，就用所有的时间背单词，结果呢？

“把这些单词组成句子还是不知道想表达什么。

“其实这些人真的只是表面上刻苦，实际上只是换个方式偷懒，他们懒得尝试那些能真正提高英语水平的方法，因为那会让他们很难受，但他们又不能不学，所以就采用了自欺欺人的方式来麻痹老师、父母，甚至自己。”

确实，表面上我们背单词，却从来不敢把那些单词套在句子中去，深入学习它在具体表达中的意思。

表面上我们看美剧学英语，可看了这么多年美剧还是离不开字幕。也从来懒得听写，懒得把其中听不出来的单词倒回去多听几遍。

没错，二者都是学习，一个只是在毫无意义地机械化重复，另一个才是真正的精进。

03

回到写作，写一篇文章对于一个成年人来说难吗？

我觉得太容易了，这就好像你在问我一个成年人说一百句话难不难。

可要把这一百句话组成一篇对人有启发性的文章难不难？

写作一年多，我觉得真的好难。

当然，这里有人会说："我写作就是为了让自己开心，就是为了流水账般地记录生活，不行？"

当然可以，但这样的文章并不是文章，你只不过是把一句句平时的闲聊串在一起而已，并不具备可读性。

可就像前文中提到的那位日更作者，她是为了十万以上的阅读量在写啊，而不是为了让自己快乐啊！

一边希望自己的文章有可观的阅读量，另一边却又不真正深入研究好文章背后的逻辑与原理，只是一味地靠数量的积累来完成跨越，试图因此感动自己、感动读者、感动世界。这样很难写出真正的好文章。

04

公众号大咖周冲曾经分享过自己的写作历程。

每天早上六点半准时起床，吃早点，读书，直到十二点。中午小憩一下，然后开始搜集第二天文章的素材（今天的文章在之前早已准备好），组织语言，翻阅各大网站，查看最新热点、排行榜，酝酿吸引人的题目（这个过程极其煎熬），很多时候整篇文章已经写好了，但读了两遍后发现就是垃圾，于是删了重来。

她说，高质量的日更简直就是折磨，没事儿千万别想着做自由职业。

过去我也天真地以为这个世界有写作的天才，他们不费吹灰之力，在弹指一挥间就能出笔成章。

到后来才知道，那些看起来一气呵成，让人热泪盈眶、忍不住转发的文章，是要经过千锤百炼的。

同时，我也知道了，写作的本质归根结底还是内容，离开内容谈写作，即使写得再多，也都是方便面，毫无营养可言。

喜欢鲁迅的一句话：“哪里有天才，我只是把别人喝咖啡的工夫都用在读书上了。”

可惜，我们绝大多数人的努力程度之低根本轮不到去拼天赋。

05

这两天翻回去看看自己近一年的文章，虽然知道自己资质平平，写了一年也没写出什么爆款文，但比起初期的“自嗨文”、速成文，现在的文章多少有了一点儿可读性。

最开始单纯在意量的积累，着急写完发表，现在从题目到语言都细细雕琢；开始写一篇文章就用四十分钟，后来全部写完得花至少三天。

我知道，在写作这条路上，自己可能走得很慢。

但很庆幸，自己从未停下。

曾经帮你吹牛的好工作
正在拖死你

01

去年，关于撤销唐山收费站的事情闹得沸沸扬扬，成为一时的热点。

在视频里，一个即将失去工作的收费站员工说：“我已经三十六岁了，我的青春全部耗在了这里，再出去找工作什么优势都没有。”

协调工作的人员对她说：“收费站的工作也是一种经验啊。”

结果引起现场一大批人的苦笑。他们纷纷说：“收费站的工作经验算是什么经验啊！谁还不会收费啊！”

原来，很多人并非不知道收费站是一个很容易被替代甚至取消的岗位，他们早就清楚一旦自己离开收费站，真的什么都做不了。

他们知道这些，但是他们不知道的是，曾经觉得还挺光鲜的一份工作，竟然能说撤就撤。更想不到的是，在他们失去这份收费站的工作时，没有人能再帮他们找到一份新的工作，有的只是一纸文件，一点儿微薄的补偿金。

是的，在这个时代，根本不存在所谓的稳定，也不存在绝对意义的好工作。

02

在我们的传统认知里，考上公务员就意味着拿到了铁饭碗，安全稳定，朝九晚五，现实生活中，很多人以为考上了公务员就万事大吉，从此躺在舒适区里，完全失去了精进自己的动力和渴望。

作家周冲曾经做过一次调研，对象是那些主动离开体制内的人，她想知道这些人最后到底是发达了还是落魄了，调研的最终结果令人震惊：他们没有一个人后悔自己离开体制内。

这些人离开体制之后，有的选择自己创业，挣到了人生的第一桶金；有人选择读书考研，重返校园完成学业的深造；有人成为了自由职业者，过着充满不确定性但却精彩的生活。

其中有一位辞职者说了一番令人深思的话：“真正的强大不是稳定，不是你在一家单位有饭吃，而是无论你走到那里都有吃饭的资本。”

曾经的银行是铁饭碗，甚至金饭碗，一个普通银行职员不用学习任何新知识，只要做好本职工作就能拥有丰厚的报酬。

然而，随着互联网金融的崛起，银行的好日子可能从此就到头了，工资收入的大幅度降低也许只是开始，裁员和下岗也是极有可能的。

《新华字典》中有一句话：“张华考上了北京大学；李萍进入了中等技术学校；我在百货公司当售货员：我们都有光明的前途。”

这句话现在看起来有些嘲讽意味对吗？但在二十年前未必就不是现实。并不是我们越来越难以理解这个时代，只不过是时代在跑步前行，而你却停了下来。

03

之前在知乎上看到过一个回答很有启发。作者说：“曾经有几年夏天住在温哥华，我坐在自家院子门口，看着六七岁的外甥女儿在追跑打闹，夕阳落下来，整个天边都是红色的，夏天的温哥华一点儿也不热，落日余晖洒在身上，暖暖的。那一瞬间我觉得自己像个老年人。”

这可能是很多年轻人所向往的生活，岁月静好，安稳舒适，仿佛时间凝固在了那一刻，不再走动。

作者随后又说：“但在那个晚霞美如画的夏日傍晚，我唯一的想法就是我要逃出来。我才不到二十五岁，我要离开这个地方，我还想念滚滚红尘，我还想做一些事情，我还想怎么样都好，但是我不想静止。”

我曾经问过一些报考公务员的朋友为什么要去当公务员，他们的回答多少都有些令人失望。

“当公务员轻松啊，过那种喝茶看报、下班准时回家的生活多好。”

在他们看来，公务员就是一份既体面又舒服的工作，体制内就像是一张大的保护伞，替他们遮风挡雨，让他们以为岁月静好，什么都没有发生。

原来，在很多人眼里，所谓的好工作，不过是找一个能让自己虚度年华的地方。

04

过去我们常常说：铁打的营盘流水的兵。

在过去的很长一段时间里，我们养成了一种固定的思维模式，那就是作为个体一定要依赖组织才能生存。

一直很认同电影《黑鹰坠落》里的一句话：“哪有什么英雄，不过是时势造英雄。”

在过去，车马书信都很慢，大多数人不想选择稳定都不行。但看看现在，没有人能保证现在学的技能会让你一生坐享其成，没有哪一份工作在未来就一定不会被取代。这是我们这代人的命运，我们没得选择。

所以，现实应该是“铁打的兵流水的营盘”。未来，组织的作用将进一步被弱化，所谓的好工作将不复存在，能在不断的改变中生存的人终将崛起。

月薪三千的你，
为什么还不辞职

01

很多职场老人会和新人讲：“刚上班的时候别那么在乎挣多少钱，要重视个人成长和积累经验。”

而我一直觉得所谓的成长和经验怎么看都有些虚头巴脑，或许是因为这些东西很难被量化。

就像情怀一样，刚刚听说的时候还会有些激情，可当你的老板一直在和你谈情怀、讲人生，就不和你谈钱的时候，你该知道这并不是一家好公司。

因为谈钱，才是对员工最好的尊重。

02

如果你的老板就是不和你谈钱呢？你能怎么办？还得乖乖地朝九晚五，继续上班。我听到太多的人抱怨自己挣得少，可他们话锋一转却又说：“唉，也就是自己瞎说说，大树底下好乘凉，好歹还有这份稳定的工作，不至于被饿死。”

稳定，成了很多人不思进取的温床。

当然，还有人说：“现在辞职我不甘心啊，毕竟为这里付出了这么多，还是再等等吧。”

说到这儿我想讲一个经济学上的概念——沉没成本。什么是沉没成本？举个例子，你和女朋友买了两张电影票去看电影，结果影片开始五分钟你发现这是一部大烂片，这时候你是选择离开呢，还是继续忍受折磨把片子看完？可能很多人会选择把电影看完，因为他们觉得电影票钱已经花了，现在走太亏。

而实际情况是，你花出去的电影票钱已经回不来了，这时候你该及时止损，不要再把时间浪费到这部烂片中去。

这和看待工作的道理是一样的，沉没了的成本早已不再是成本。

03

在一座小城市里，我们经常能听到人们关于好工作的议论，在他们看来，只有进入了体制内才是好工作、铁饭碗，甚至还有人在相亲时明确提出对方必须是公务员。

我今天不想讨论在这个时代到底还有没有纯粹的好工作，我想说的是，有多少人是因为别人的眼光而被迫做出了自己的选择。

作家李尚龙在一篇文章里讲过一个故事。

他有一个朋友叫小刚，小刚的爸妈很喜欢跟风。小刚小的时候，别人的孩子都在学音乐，他们就让小刚去学吉他。后来小刚长大了，他爸妈看着身边同学的孩子都进入了体制内，就催着小刚去考公务员。总之，从小到大，小刚就几乎没有什么事情是自主选择的，有一次坐下来喝酒，小刚沮丧地说，他感觉他总是被别人推着走。

仔细想想，其实在这个世界上随大流很简单，风险也最小，跟着人群走总是不会差得太离谱。相反，能在人人都跟风随大流的时候，保持自己独立的思考就显得更加难得。

去做自己擅长的事情，无论现在你是自由职业，还是身处体制内。即使你现在特别沮丧，甚至是感觉生活、工作了无生机，也千万不要放弃自己擅长的那件事，因为它将会是你未来翻盘的筹码。

04

月薪三千，如果你还决定不去辞职，那么我建议你打造自己的稀缺性。

《认知突围》这本书的作者问了一个问题："环卫工人的工作十分辛苦，对城市环境来说又极其重要，可为什么他们的收入如此之低?"

这是因为我们的报酬不是按照劳动辛苦来计算的，也不是按照重要程度来计算的，而是按照能力的稀缺程度来计算的。

问问自己，我是否掌握了一般人不会的技能?

拿我自己来讲，我现在最庆幸的就是自己坚持写作了两年。在这两年里，我从最开始自娱自乐的写作方式到渐入佳境，我知道这个过程是别人教不会的，只能自己一步步来。我还记得去年在一个写作社群里分享自己的写作心得时，也表达过对于找不到自己身上稀缺性的担忧，我们社区最优秀的一位大姐对我说：“虽然我不知道你在现实中到底是怎样的人，但我明确地告诉你，写作就是你的稀缺性。”

谢谢你，让我看到自己身上的光。

05

这篇文章并不是鼓励你要去裸辞，而是希望你看清自己所处的环境和行业是朝气蓬勃、蒸蒸日上，还是一潭死水。

我希望你看到自己的核心竞争力，而不是盲目地努力，一个人如果在三十岁之前依然找不到自己的核心竞争力是一件很恐怖的事情。

我们的生命有限，朝正确的方向努力，不要让他人的观点淹没你内心的声音。

你只是
看起来很努力

01

这两年“一万小时定律”被捧得很高。

无论你干任何事情，即使前路茫茫看不到尽头，总有人会煲一碗“一万小时定律”的鸡汤拿给你。

“年轻人，别着急嘛，你觉得没长进是因为在上面花的时间还不够。”

是这样吗？

02

每个人上学的时候，总会遇到一个每天起得比谁都早，回得比谁都晚的同学，你整天看着他拿着英语书、语文书、数学书一顿狂背，但考试成绩总是不理想。

一般情况下，对于这样看似非常努力但成绩就是上不去的同学，老师和家长也不愿意过多苛责，毕竟他们努力了。

我在上学的时候英语成绩不错，有些英语不太好的同学经常来问我问题，过程中我特别留意那个很努力但是成绩一般的同学。

我慢慢意识到，其实他并不像很多同学嘲笑的那样脑子笨，学不会，而是在学习过程中不敢碰触真正的问题。

譬如每次他问我的问题都是这个单词怎么念，这句话是什么意思，但每当我试图给他解释一句话在整体语境里的作用时，他就不耐烦了。

他说："你讲得太深了，我基础没你好，理解不到这步。"

问完后又紧接着回到座位上背单词。

到后来高考成绩下来了，他只上了一个专科学校，当然，他的英语成绩也没及格。

这位同学看似很努力，实际上不过是在用战术上的勤奋掩盖战略上的懒惰，这比什么都不做的懒惰更让人无能为力。

无奈的是，有多少人沉浸在自己的世界里，被自以为是的努力感动着。

03

我的发小上周辞掉了公务员的工作，我问他原因时他回答道："我辞职的原因很简单，就是我不想活成自己讨厌的样子。"

他接着说："倒不是因为工资低，只是因为我看到身边已经工作了十年、二十年的同事，每天依然干着流水线一般的事情，我能感受到他们对于生活和工作的绝望，想到自己再待下去也会和他们一样，我就非常害怕。"

他让我想起了高晓松曾说的一段话："当你不知道自己想要什么时，先想想自己不想要什么，自然就知道该怎样选择了。”

而我们所有的努力如果不是朝自己内心的方向驶去，而是随波逐流，那么我们换来的只是徒劳无功。

04

从小到大，我们在选择做一件事情之前，很少问自己喜不喜欢，只在意有没有用。小时候喜欢足球，家长会说踢这玩意儿有什么用，将来能当饭吃？还不如多去学学奥数。高考完选择专业，本来自己热爱文学，但亲戚朋友一致说：文学能干吗？你能成名当作家吗？报会计去！等大学毕业后要找工作了，还来不及自己抉择，就被身边各种各样的声音淹没，“工作一定要选择稳定的啊，最好是公务员，铁饭碗”。

我们一路上不停地奔跑，生怕自己在人生的旅途中落后于对方，可很多时候我们仓皇四顾，却发现这条跑道上充满着迷雾，哪有什么对手，只不过是孤单的你一直在害怕地跑着，不敢停息片刻来听听自己内心的声音。

梁文道在《悦己》中如是说：“读一些无用的书，做一些无用的事，花一些无用的时间，都是为了在一切已知之外，保留一个超越自己的机会，人生中一些很了不起的变化，就是来自这种时刻。”

我希望你不仅能跑得快，更重要的是享受奔跑的过程。我希望你能挣很多的钱，但并不把赚钱当成人生的全部，而是追逐内心的快乐与平和。我希望你人情练达，世事洞明，但更希望你一生温暖纯良，不舍爱与自由。

《了不起的盖茨比》中有一句话说：“我们奋力前行，小舟逆水而上，不断被浪潮推回过去。”

那个过去，就是我们内心真正想到达的地方。

上班后的第四天，我决定辞职

01

大概很少有人像我这样，在上班后的第四天不是想着怎么实现人生理想，而是跑去辞职。

大四那年，校园招聘，看似热门的金融专业其实选择并不多，大部分选择是银行、证券、保险。当时无论怎么看，相比于后两者，银行都是香饽饽，是人们印象中很赚钱的行业，是仅次于公务员。

如果有时光机，我一定会回去扇当时的自己两个巴掌，然后告诉他，傻子，先去实习啊，先去打听一下内部人员对职业的看法啊。

谁能预测到，在自己刚入行的第一年，银行效益就急转直下，而中国却迎来了十年难遇的大牛市，当时郁郁不得志进入证券公司的同学发微信给我：“嘻嘻，当时说谁躺着赚钱来着？”

于是自己就这样错过了人生中的第一桶金。当然，这都是后话。

02

大四下学期，经过一系列折腾后，大家的工作基本都尘埃落定，四年大学生活也随之走到了尽头。最后的同学聚会，我因为爷爷病重而没能参加，半夜在病房里，一帮早已喝得不省人事的同学打过电话来：“包子，那个啥？你那边没事了就赶快回来，哥几个等你。”

那天，自己一夜没睡，枕头被泪水浸泡了一夜。

对于我来讲，大学毕业竟意味着一场又一场的告别，亲人的离去，兄弟的别离，女朋友的离开，我以为自己内心强大，最后才发现在现实的冲击面前自己竟如此不堪一击。

可即使这样，在回到学校后，我还是强颜欢笑，故作坚强。是的，以后要学会不动声色了，大学四年，玩够了，疯够了，不管是天真，还是狂妄，青春的这辆列车还是缓缓地开走了，我知道自己该离开了。

就这样吧，让往事都随风。

大学的这场梦，该醒了。

03

于是，我回到了家乡，准备迈向职场。我将要工作的地方是一家银行，是那种别人眼里的好工作，也是大学毕业证这张薄薄的纸，带给我的唯一的战利品。

我穿上西装，打起领带，试着把头发梳到后边。

“嗯，从今天开始你就要表现得像个大人了。”

来到单位，迎面走来了一位大姐。

“您好，请问要办理什么业务？”

“哦，不，那个，我是新来的员工。”

“新大学生已经来了啊，你跟我走吧。”

我心里还是多少有些忐忑，嘀咕着：这是要去见领导吧？见了以后我该怎么自我介绍？我的发型没乱吧？

然而我发现自己想多了。

我见到了传说中的行长，女性，短发，坐得笔直，看得出是一位极其精干、有能力的女强人。她抬头看了我一眼：“新大学生啊，先去现金区跟他们学，学一段时间就马上安排你上柜。”

说完又马上低下头忙手里的工作。

到后来我才明白，职场上，人家才不管你这个初出茅庐的家伙是谁，人家在乎的是你能不能给单位带来价值。

进入现金区后，我稍微松了口气，里面的三个人看起来年纪都不大，应该也是前两年毕业的大学生，再仔细一问，竟然还是我大学时的校友，我的学长。

几句简单的介绍后，我便拿起笔记本开始记录学习。

“新生活看来总算要开始了。”

04

上班后的第四天，对于大多数人来讲，应该都还在憧憬自己职业的未来，而我有点儿不一样，我的选择是去辞职。

那天我还是正常上班，像往常一样拉把椅子坐在师父们后面学习。

一切都没有什么不同。

我记得那天特别忙，忙到师父们根本就没时间理我、教我业务。熙熙攘攘的客户穿梭在大厅里，像走马灯一样出现在柜台，办完业务便匆忙离去，甚至不愿多说一句话。

我看着这一切，看着师父们就那样坐着，看着他们手中越来越厚的票据，看着吵闹的人群。这些画面如此真实，但在我眼里却变得虚幻起来。

那么一瞬间，好像有个声音突然跑过来对我讲："醒醒，这不是你要的生活！"

我有时候觉得自己也真是奇怪，换作一般人，可能也就感叹一下：怎么突然有这样的想法？

而我呢，是决定直接去人力资源部。

现在回忆起来，当时还真的是天不怕地不怕。

去人力资源部的路上，我一直在想，一会儿怎么和他们说辞职理由啊，万一人家不让走怎么办。

后来的事实证明，我又想多了。

"您好，我想辞职。"

"啊？你不是新员工吗？哎呀，你看你，早说你要辞职我们就不给你录系统了，现在还得删掉，多麻烦，你等等

啊，我下楼办点儿事儿，回来给你办辞职。'

原来，在社会上，没有多少人会真正关心你，人家才不管你是走是留，在乎的只是与自己相关的切身利益。

在等待的时候，另一个人力资源部的大姐走了进来，我在办理入职时见过她，她给人的感觉很和善。

"咦，小包你怎么来了，是有什么事儿吗？"

"哦，姐，是这样，我准备辞职。"

"辞职？能告诉我原因吗？"

"我觉得在银行上班不是我想要的生活。"

大姐笑了笑说："你们年轻人想法多我理解，我也不反对你辞职，但是，你要想清楚，现在辞职，你的路暂时只有一条，那就是回家啃老。"

"啃老"这个词实实在在地打碎了我荒诞的想法。

于是我乖乖地回家了。

相比于对那些不能按照自己想法生活的人的讨厌，对于啃老的人我则是厌恶。

所以还能怎么办，硬着头皮上班吧，再不喜欢也不能成为自己最厌恶的那种人。

05

就这样我开始了自己朝九晚五的银行生涯。

说实话，银行这份工作不干不知道，一干才发现真的是不适合我。

其实我是一个相对慢性子的人，而且生活中是那种跟熟人很能侃，但面对陌生人却不怎么说话的人。

银行工作恰恰戳中了我的软肋。

第一，你必须动作麻利，办业务，如果速度不行就可能被投诉；第二，你每天面对的都是形形色色的陌生人，你必须时刻保持温暖如春的微笑。

第一年在银行工作的每一天，对我来说都是煎熬。

2014 年圣诞节，那天因为办错一笔业务而险些酿成大祸，我至今还记得当时领导的训斥，客户的冷眼，同事的不信任，还有我对自己的失望。

那天我很晚才回家，内蒙古冬天的寒风从我脸上刮过，我独自走在空荡荡的大街上，耳机里放着陈奕迅的《圣诞结》。

“想祝福不知给谁，落单的人最怕过节。”

冬天来了，春天还会远吗？

06

工作的第一年，其实我很多时候都在后悔，还不如当时就辞了，说不定会有更好的选择。

一鼓作气，再而衰，三而竭。虽然这样想，但我却也没能踏出那一步。

其实摆在我面前的问题也很现实：辞职了，你能干什么？你有一技之长吗？你具备稀缺性吗？

不喜欢怎么办？忍吧。

我庆幸的是，即使在我最感觉颓废，甚至绝望的日子里也没有放弃学习，没有放弃做更好的自己。

因为我知道，如果一个人选择堕落，哪怕只有两三年，老天也会以最快的速度带走你的天赋和力量。

“嗯，让子弹，再飞一会儿。”

07

有句话我觉得说得对："一个人，越努力，就越幸运。"

对于这份工作，我不想违心地说自己现在喜欢，只是慢慢开始接受。小的时候我以为自己能改变全世界，长大后才发现，能做好自己就已经很了不起。

当然，随着经验的积累，把目前的工作做好已经不再是问题。今年以来，各种幸运的事情逐渐发生。

比如，越来越得到领导、同事的认同，写作水平的精进，财务状况的好转。

更比如，遇到一个女孩儿，我喜欢她的同时，刚刚好她也喜欢我。

"不管你遇到什么事，或是什么人，他们都不是平白无故地出现，他们总会告诉你一些东西。"

生命中的挫折有时候不光会带给你糟糕的心情，还有可能给你带来对的人。

所以别急，因为一切都还不晚，一切都还来得及。

08

当我写到这里，可能你会希望看到笔下的波澜，可对不起，没有了。大多数人的生活不是小说，更不是电影，没有大开大合的剧情。

当然，我做到了朝九晚五，但至于浪迹天涯，嗯，暂时还做不到。

但就像之前看的一篇文章讲的："高晓松，这个把诗和远方写在歌里的人，每天还在为了生活而奔波，为了赚钱而录节目，你还在那儿矫情什么？"

或许，眼前的苟且也是一种修行。

希望有一天你能修成正果，既能朝九晚五，又能浪迹天涯。以梦为马，随处可栖。

爱刷微信朋友圈的人，会有怎样的命运

01

最近，我慢慢意识到原来自己的自控力竟差到令人发指。

譬如本来要打开一个学习英语的应用软件，结果瞟一眼微信后就忍不住开始刷朋友圈；本来要开始看书学习专业课，可只要打开电脑，手就忍不住要点到游戏的图标上去。

是的，毫无疑问，我是一个极度不自律的人。

自律有用吗？有的人说干自己喜欢的事情根本不需要自律，因为热爱啊！没错，一直以来我都羡慕那些能靠做自己喜欢的事情来谋生的人。比如科比从小喜欢打篮球，最后把自己打成亿万富翁；简自豪喜欢玩游戏，玩成了世界冠军。

而我们身边有这两项爱好的男生大概不在少数，请问，你的热爱足以支撑你的生活吗？

02

今天上午去健身，不知道是不是好久没锻炼的原因，在跑步机上跑十分钟就开始气喘嘘嘘，想想也对，自从去年报了健身房训练，去的次数也没有超过二十次，完美地为中国健身行业的发展无私地做了一年贡献。

昨天翻过去旅行的照片，有一张照得很美，于是想用英语做一个简单的陈述，尴尬的是第一句话就忘了正确的语法和拼写。虽然自己不是英语专业出身，但大学时也是一次性就通过了六级，也曾和外国人用英语深入交流，现在竟然退化得如此明显。

当然，承认自己不自律或是懒有些勉为其难，人身为万物之灵长，最大的特点之一就是会给自己找理由。

今天家里事情太多了，顾不上去健身；今天单位工作太累了，放松一下吧，别学习了。

之前在知乎上看到过一个问题：既然学习与不学习都要受罪，为什么大多数人仍然选择不学习？

有一个回答很出彩，它说：学习是自己主动找罪受，而不学习所带来的恶果则是被动的，你只要躺着不动默默忍受就行。

人，愿意做除了真正思考以外的任何事情。

03

还是关于健身的问题。去年和敏敏一起报的名，结果她比我更无私，一年到头估计锻炼的次数没超过五次。

我一想起来就会温柔地指责她：

“你看，你每天费劲地整理各种让自己保持苗条身材的办法，其实最简单的办法就在你那张健身卡里面呀。”

说归说，到头来还是没用，今天下午我们俩又去续了一年的卡，我笑着对她讲：

“今年接着给健身房做慈善？”

她哼了一声说：“五十步笑百步。”

确实，在自律这一点上，我不该嘲笑任何人。很多时候，我们会因改变不了对方而生气。其实，很多事情连你自己都做不到，对方又怎么肯为你改变？

这一年，无问西东，任何事情，从自己做起。

04

就在我写这篇文章的时候，我关掉了自己的手机，因为我知道，只要我的手机处于开机状态，任何的风吹草动都会把我的目光和手吸引过去；与此同时，我还卸载了电脑上的所有游戏，是的，我控制不了自己，只能强行改变客观条件。

但我并不觉得丢脸，因为这确实是一个可行的办法，至少在这两个小时的时间里，我能坚持做那些真正有用的事情，而不受到干扰。

我们绝大多数人就是爱和自己过不去，非要和自己的性子扳扳手腕，看看能不能除掉自己的懒惰和不自律。曾经，我也这样尝试过，但决定放弃。

我承认自己懒惰和不自律，我欣然接受，在此基础上，我与它进行谈判，并向它妥协。我找到了一个方法，让自己在每一天中间歇性地变得很自律和勤劳。

因为我知道，那些改变命运的决策，往往没那么复杂。

你不懂成本，
怎么能过好一生

01

这个世界上永远都不缺乏自以为占了便宜的人。

通常情况下，他们是那些为买到便宜五毛的鸡蛋甘愿排一上午队的人；是那些把讲价当成本事，与商家磨叽两小时只为省下50元钱的人；是为了省一点儿粮食，吃好几天剩饭的人。

这些人未必穷困潦倒，他们有些人过得很不错，可他们依然被困在了认知局限的牢笼里。

02

注意力是最宝贵的资源，也是最昂贵的成本。

李笑来说过，导致一个人一生碌碌无为的三大原因是：莫名其妙地凑热闹；心急火燎地随大流，操碎了别人的心肝。

这三种情况毫无疑问都是一个人不懂得珍惜自己的注意力造成的。

上学时，为什么一节课程要被设置为四十五分钟，而好老师会把一节课的精华在前二十分钟就都讲完，剩下的时间用来让学生练习和讨论？

一个人的注意力是很难集中二十分钟以上的，超过了这个临界点，即使你的意志力驱使自己去干某一件事情，你的大脑也会感到疲惫，导致效率降低。

所以，注意力并不是你可以予取予求、随叫随到的，它很宝贵，也很值钱。

那些游戏公司、娱乐网站，正在竭尽所能地去吸引每个人的注意力。游戏公司要在游戏中设置足够的陷阱，让你不知不觉沦陷其中；娱乐网站的文章和视频标题要足够有噱头，为的就是让你打开它，吸引你的注意力。

罗振宇说："未来商业一切的争夺，都是注意力的争夺。"

有些人也会抱怨："现在是碎片化时代，注意力根本就不可能集中在某一件事上很久，很难静下心去做好一件事。"

其实这也是一种随大流的态度。

碎片化，是时间的碎片化，你的时间在这个快节奏的社会被切碎了，但这也成了你和别人拉开距离的机会。

回家路上，别人的目光被新开业超市的跳舞女郎吸引，而你可以带上耳机听十分钟的美国之音慢读；睡觉前，别人忙着刷微信朋友圈，刷娱乐八卦，你可以安静地听一段古典音乐或是读一本中外名著。

日复一日，有一天你会发现你早已和别人拉开了一段无法被追赶的距离。

03

一个人去看电影，刚看了十分钟就发现苗头不对，有很大概率这部电影是一部烂片。

与一个人谈了好几年恋爱，到快结婚时突然发现两个人的价值观有巨大的差异。

进入了一个行业，干了一段时间却发现这个行业已是日落西山，在极速地走下坡路。

面对这些场景时，你该如何选择？

是坚持看完这部电影吗？毕竟要把票钱赚回来吧。

仍旧选择与那个谈了多年的人结婚吗？否则这么多年的感情岂不是错付了？

依然留在这个急转直下的行业吗？好歹还在这里积累了一些资源，这时候放弃太可惜。

人生的悲剧通常就从这里开始。

因为人们总是错把沉没成本当成成本，而沉没的核心概念就是，它是不可收回的，并且无法被改变。

而你在沉没成本中陷得越深，就越难以自拔。

一部电影即使再烂，你也不能再要求退票，你选择看完它，于是你又浪费了时间，无形中增加了这部电影所带来的成本。

而一年中如果你要看很多部电影，那这些烂片累积起来的时间，将消耗你多少时间和注意力？

与一个和自己价值观大相径庭的人结婚，你之前耗费在这个人身上的时间、金钱、精力也已经是不可逆的了。

你总不能跟对方说："咱们不适合，请把青春还给我。"

但你此时放不下这些，因为不甘心，不相信。而这些都将导致你在日后几十年里为这个选择承担后果，不光是两个人的后果，甚至是两个家庭的后果。

一个人入错一个行业，感到很痛苦，但因为当初进入时费了很多周折，便不忍放弃。于是得过且过，在岁月中蹉跎了自己的人生。

这样的结局是你想要的吗？并不是吧。

可这世界上绝大多数人还是放不下。

很多人觉得电影剧情后来会好转，人的价值观会改变，行业还会再洗牌，老天会开眼，自己付出了那么多，现在离去岂不太可惜了？再等一等，再忍一忍，可能就好了。

这种固执，很多时候，既伤害了他人，更伤害了自己。

04

前段时间看到一个故事说：

赵州禅师有句口头禅——吃茶去。

客人来访，他会问："来过赵州吗？"

有人回答："曾来过。"

禅师就说："吃茶去。"

有人回答："未来过。"

禅师还说："吃茶去。"

别人不解："为什么来过说吃茶去，没来过也说吃茶去？"

禅师微微一笑，答案还是"吃茶去"。

你能够用"吃茶去"破解自己的那些固执吗？

05

《奇葩说》第四季有一集导师结辩的时候，马东对蔡康永说过这样一段话：

"我承认康永哥很优秀，但康永也只有一个，他写《说话之道》的时候就拍不了《吃吃的爱》，他拍《吃吃的爱》时，就写不了《说话之道》，所以即使他再优秀，再追求上进，但也一样分身乏术，同样也会有遗憾。"

林徽因当年找梁思成倾诉："我苦恼极了，同时爱上了两个人，不知如何才好。"

梁思成非常痛苦，仔细思量后说："你是自由的，如果你选择老金，我祝你们永远幸福。"

徽因没有离开他，说了那句著名的话："你给了我生命不能承受之重，我将用我一生来偿还！"

林徽因最后还是选择了梁思成，而金岳霖就成了她放弃了的最大成本。

你可以同时爱两个人，但你依然要做出取舍，即使这很残忍。

我们每个人每天又何尝不在做一个接一个的选择，进行一次又一次的取舍？

我们选择打游戏，就放弃了自己用来学习的时间；我们选择吃米饭，就放弃了吃馒头；我们选择早早结婚，就放弃了和其他人结为伴侣的可能性。

而那些在某一刻被你所放弃了的，都是你因为当下的选择而放弃了的最大成本。

但不论你怎样选，其实遗憾永远都在，生命的裂痕依然存在。

但有什么关系？就像歌手莱昂纳德·科恩说："万物皆有裂痕，可那又怎样？裂痕，那是光照进来的地方。"

Part5
不要拿别人的地图找自己的路

太多人输在不像自己，而你胜在不像别人

01

我慢慢发现，这个世界总会有一些人，不管你做什么他们都不会看好你。

前段时间报名了一个英语阅读每日打卡的活动，到现在已经坚持了将近二十天。按道理这完全是我自己的事情，每天读完后就是在微信朋友圈打个卡而已，影响不到任何人。

但上周却发生了一件让人不愉快的事情。在单位吃午饭时，恰巧和几个同事坐在一起，平时并不熟，就是遇见打个招呼的关系，可那天他们却对我格外“热情”。

“看你每天学习英语很勤奋啊！”

“可惜在咱们这样的单位，学啥都没用。”

“真羡慕你这么闲，我每天要忙死了！”

“你有那么多时间怎么不去考公务员啊？！”

面对这些人的殷勤“关怀”，我真想说一句：“关你啥事！”

我当然听得出他们话语中的隐射，无非想说干吗每天要瞎折腾，专门弄得自己和别人不一样。

可对不起，像你们那样每天庸庸碌碌地活着，我实在做不到。

02

这让我不禁又想起两年前开始写公众号时也遇到过类似的情况。

有的人告诉我你现在写作是浪费时间，不如多学学人情世故；有的人和我说写作挣不了钱还不如去干微商；有的人一脸认真地开导我说“看你写作天赋也一般，回头是岸”。

但当我写作了两年之后，积攒了上万读者，并开始受到很多出版社邀请合作后，这些声音慢慢消失了。

当然，更多的原因是我现在根本不在乎别人怎么看待我做的事。

在舒适区待着固然安全，但同时也意味着你就要随大流，放弃自己的思考，在一条看不到尽头的长队中浑浑噩噩地等待着自己的终局。

不，你要跳出来，哪怕做一个别人眼里的小丑。

03

之前看过一本书，名叫《人在弥留之际的五大憾事》，是澳大利亚的一位临终关怀护士所写的，其中有一条是："我希望能过属于自己的人生，而不是按他人的期望生活。"

可惜的是，大多数人走过一生，蓦然回首，才发现自己这一生都活在别人的期望里。

想想也是，从小到大，我们都被教导以一件事情是否"有用"作为选择的标准。学奥数有用，因为它能让你当数学家；学画画有用，因为它能让你成为艺术家；学书法有用，因为一手好字能让你在高考里加分。

可学这些东西是否有用？我不置可否，我只想说如果一个人从小就以是否"有用"来衡量自己的人生，在模仿他人的道路上摸爬滚打，那么他怎么可能做自己?！做不了自己怎么可能活得舒服?！

如果你天生是感性的人，就不要模仿他人的理性；如果你天生是率真的人，就不要去模仿他人的世故。永远不要拿别人的地图找自己的路。

04

日本作家村上春树从三十岁时就开始坚持跑步，每天至少都要跑上十千米，有人就说村上春树的成功源于他的自律。

可村上春树却在他的自传《当我谈跑步时我谈些什么》中说：“不管全世界所有人怎么说，我都认为自己的感受才是正确的。无论别人怎么看，我绝不打乱自己的节奏。喜欢的事自然可以坚持，不喜欢的怎么也长久不了。”

简单来说，村上春树是因为热爱才去坚持。

那么，我们该怎样判断自己是否对一件事情热爱呢?有一个方法可以一试，叫作“心流”。就是看你在干这件事情时能否忘我，甚至能否感受不到时间的存在。

就像村上春树说的：“喜欢的事自然可以坚持，不喜欢的怎么也长久不了。”

漫漫人生路上，
最难的不过是遇见自己

01

当你走进一家书店时，摆在最显眼位置的畅销书里，一定会有一本教你如何处理人际关系的书。

马克思说：“人是社会关系的总和。”尤其是在我们这样一个崇尚人情的社会里，人际关系显得更加重要。

我们近乎疯狂地应酬、交际，不惜挖空心思来揣测对方的心思。职场里我们经常揣测上意，想知道领导怎么看；爱情里，我们最爱问的一句话就是“你到底是怎么想的？”

而这些，总结起来毫无疑问都是我与“他”的关系，“他”怎么想我，怎么看我在很大程度上决定着我们的幸福感。

可在夜深人静的时候，当我们与这个世界的连接只剩下我与自己时，我们有没有想过，我们真的懂我们自己吗？

02

我爸爸同事家的女儿，出嫁八年，有一儿一女，同时也有车有房，工作稳定，家庭幸福。

但令人觉得奇怪的是，从她嫁出去的第一天起，她就和老公住在了父母家里，一住就是八年。

她也曾因为外界的眼光和老公决定与父母分开，但每一次临走的时候就像是面临生离死别一样，痛哭流涕，所以折腾几次之后还是选择与父母生活在一起。

结婚以后还无法脱离父母的庇护，甚至要与父母同居，看似是对父母不依不舍，实际上反映着其内在人格的残缺。

当然，这离不开原生家庭。

03

中国的很多父母无法分辨溺爱和宠爱的区别，归根结底是因为他们不清楚孩子需要的到底是什么。

很多父母给孩子买价格不菲的玩具，报各种各样的兴趣班，但回家以后却只知道自顾自地玩儿手机。

他们的确创造了比较优越的客观条件，但他们不懂得，对于孩子来讲，再贵重的玩具也比不上爸爸妈妈贴心的陪伴。

还有一些父母，缺乏情绪管理能力，总是无缘无故地朝小孩儿发脾气，甚至暴打孩子。可过了气头之后又后悔不已，于是抱着小孩哭着说："你不要怪爸爸妈妈，我们现在这样做都是为你好。"

在这样环境下成长起来的小孩，可想而知，一定缺乏安全感，甚至自卑感。

他们无法给自己安全感，只有依托在父母的怀抱下才觉得一切都在掌控之中，这导致他们即使在成人之后都无法摆脱与父母的共生。

所以，心理学家说："一个人长大以后与他人关系模式的缩影，往往就是他家庭的内部关系。"

04

一向很少谈论个人私事的高晓松，曾经在自己的私人节目里说过些关于他家庭的往事。

他说："我从小就是个倾诉欲望特别旺盛的人，我说的是倾诉欲，而不是表演欲，主要是想跟人说话，用各种各样的方式说话，用写歌的方式说话，用拍电影的方式说话，用写书的方式说话，可能是因为我小的时候比较孤单吧。

"我记得从小时候我就跟我的父亲关系很冷淡，据我母亲回忆，我好像从没问过我父亲任何问题，到我长大了，到我二十几岁的时候，我实在忍不住，然后痛哭流涕地跟我爸说，你要不要跟我谈谈心呢？你想不想听听我是怎么成长的，我的梦想，我的所有挣扎？"

结果他的父亲想了下还是拒绝了，他父亲的回答是："我觉得咱们还是保持距离比较好。"

我为什么想要讲高晓松的故事，是因为在我们的印象里高晓松一直是活得很洒脱的一个人，他热爱旅行，知识渊博，谈笑风生，他说的"人生不只眼前的苟且，还有诗和远方"让多少文艺青年泪流满面。

但我们不知道的是，这样一个喜欢不停说话，喜欢折腾的人，原来他的底色却是孤独和空虚，而这么多年以来他竟然并没有意识到，直到年过半百他才顿悟。

就像他自己说的：“我觉得我过了表达与忘我的状态，进入到慢慢看见自己的状态，这要经过多少挣扎，走过几万里路，你终于才能从看别人，看历史，看未来，最后变成看见自己。”

05

我们在长大的过程里，其实在内心深处不断种下一些种子，而这些种子无论长出什么，最后都会成为我们身体的一部分。

而我们最经常说的一句话就是：“我要改变自己。”

是的，也许我们能改变的是我们的身材、学识、能力。但我们内心深处的那个真正的自己却是很难改变的。人生的有些缺口是这一生都无法被填上的，而你做的不应该是逃避、闪躲，甚至捶打它，你要去倾听它，理解它，并学会如何与它相处一生。

真正的平庸，
源于过早地精于世故

01

不知道从什么时候开始，人们把世故等同于成熟。

一个二十岁出头还没毕业的大学生，本应该热血方刚，挥斥方遒，但却因为要在学生社团里担任某一个职位，就变得对教导主任极尽谄媚。

本应该在学业上好好钻研的大好年华，被盲目追求学校内虚拟的权利刻成了四不像，而令人叹息的是，很多人依然把这当成长大的表现。

在我看来，这种行为有些搞笑，还没离开校园，就开始蹩脚地模仿成年人所谓的成熟，在本该肆意的年纪，就被世俗磨去了棱角，在本来单纯的环境里，却变得世故而实际。

你说这是成熟，而我却觉得这是平庸。

02

我想每个职场办公室里都不缺少世故的人，他们年纪轻轻，手里可能掌握着一些不是权利的权利，就开始插科打诨，推三阻四。

本来一件同事互相配合就能很快完成的工作，他非要左右为难；同事家里的一些私人问题被他无意中知道了，他恨不得告诉单位的所有人；本来是自己的本职工作，可非要找借口推给其他人。

他们年纪轻轻，本应该充满阳光和热情，可在他们的言语和行动里却满满都是套路。从这些人身上我们看不到一个年轻人该有的样子，我们反而看到了过早的世故，以及年轻的油腻。

冯唐写过一篇叫《那些油腻的中年人》的文章，让很多中年人开始反思，因为他们无意间活成了自己曾经最鄙视的模样。

而在我看来，年轻人的油腻要比中年人的油腻更加可怕，在价值观还未完全构建成形的年龄，了解了一点儿似懂非懂的厚黑学，就开始玩弄世故。

有些人可能因为世故尝到了些甜头，就从此把它们奉为人生的真理，殊不知游戏的操控者早已在暗中定好了价格。

03

叔本华说过一段话："对于一个年轻人来说，如果他很早就洞察人事、谙于世故，如果他很快就懂得如何与人交接、周旋，胸有成竹地步入社会，那不论从理智还是道德的角度来考虑，这都是一个不好的迹象。这预示着他的本性平庸。"

我对这句话深以为然。一个最典型的现象就是每当我们走进一家书店时，摆在畅销书位置的一定会有类似于《教你如何成为社交达人》的书；打开一个知识付费的应用程序，一定会有关于如何快速提高情商的课程。

情商重要吗？答案是肯定的。但对于一个二十多岁的年轻人来讲，如果一味地追求人情关系的练达，社交技巧的进步，那么反而会让一个人错过培养真正核心竞争力的机会。

04

言晓先生说过一个故事：他的一位朋友在一家公司做顾问。说直白点，就是让老板们过来上课。这位朋友不但情商高，而且精于和人打交道。没用多久，他就和准客户们混熟了，甚至还和不少人成了朋友。但整整六个月，他才成交了寥寥几单。

当他心灰意冷地将客户名单交给老板后，不到两个星期，他惊讶地发现很多以前没搞定的客户都来报名上课了。

他跑去问老板："你怎么两下就搞定了？"

老板说了这样一段话："谈业务不是只要情商高就可以了，最重要的是要让对方可以获得交换价值。比如那个做门窗生意的赵总。我手上有几个楼盘开发商客户，我承诺只要他报名，就帮他对接开发商。一单工程就过千万，这几万培训费算什么啊？我能做成，是因为我有资源可以交换。"

这个故事告诉我们：当你没有足够的实力时，再高的情商也未必能换来别人的尊重和信任，与其琢磨如何遇到贵人，不如打磨自己，让自己成为贵人。

所以，相较于掏空心思取悦别人，不如修炼自己，提高自身的价值。

05

之前一次同学聚会，因为好久不见所以大家都没少喝，而一位同学酒后的模样让我们大跌眼镜。

在我们印象中他是那种温文尔雅，几乎从来不生气的人，他在工作中也是如此，为人八面玲珑，领导同事都夸他涵养极高。

但那天酒后他却失态了，表现得极为狂躁和易怒，甚至还不停辱骂酒店服务人员。那天他给我的感觉就像是一头被解除束缚的野兽，终于能肆无忌惮地袒露那个一直被压抑的自己。

我一直认为，看一个人的品性怎么样，不要看他大庭广众下正襟危坐时的样子，而要看他喝一点儿酒之后的样子，但凡酒品不好的人，即使他在工作、生活中的涵养再高，也不过是戴着厚厚的面具吃力地表演而已。

在自身本来不具备很高的素质而刻意为之时，人内心深处的欲望就会被积压，而这些无处释放的能量就会在某个你意志松懈的时刻一泻千里，毁掉你长期建立的“人设”。

06

《论语》里有一句经典的话：知之为知之，不知为不知，是知也。

很多人单纯地理解为知道就是知道，不知道就是不知道。其实是不对的，这句话真正的含义是，一件事情如果你知道，但不应该说，你就应该说不知道，而一件事情你知道，而且你应该告诉别人，你就应该说你知道。

总结起来就是：该说的说，不该说的别说。

《红楼梦》里有一副对联讲：世事洞明皆学问，人情练达即文章。

所以说，人在江湖，最起码的人情世故你需要明白，否则你都等不到自己变厉害就被弄“废”了。但是我希望你知道，如果你人生的一切宝都要押在世故上，你不会活得更好，你需要掌握一门真正的本事，构建自己强大的内心世界，而那些真正获得成功的人，并非比你精明世故，而是比你更懂得实力的价值。

你那么努力合群，却只是被发了一张好人卡

01

你身边的几个朋友拉你去唱歌，你本来计划一个人去书店看书，但怕朋友说你不合群，便一同跟着去了。

在一次会议讨论上，本来你有一些区别于他人的看法，但其他人都不说话，你怕同事们议论你爱出风头，于是就选择和其他人一样沉默了。

你周围的人都在追剧，都在玩儿《王者荣耀》，你本来对这些没什么兴趣，但害怕和身边的人找不到共同话题，也就屁颠儿屁颠儿地追剧，玩手游。

你试图去在乎其他人的感受，但从不问自己是怎样想的。

别人笑，你也跟着笑；别人哭，你也跟着哭。

你知道吗？你这样努力合群的样子，真的好尴尬，也好孤单。

02

巴尔扎克曾说："在各种孤独中间，人最怕精神上的孤独。"

有一次和一位朋友聊天，他和我讲，觉着最舒服的时候就是自己一个人待着的时候，那段时间他感觉自己活得很真实，虽然孤独，但他却享受那份孤独。

可我们大多数人都忍受不了孤独。

一个人与自己独处五分钟就开始抓狂，坐立不安。

十分钟不刷朋友圈就和毒瘾犯了一样，如坐针毡。

半小时不和其他人讲话就感觉自己被这个世界隔离了。

可我知道，在你把这些事情都做完后，你还是感觉孤独，你可以叫一帮兄弟姐妹出来陪玩儿到天亮，但散场后，回家的那条路还是得你一个人走。

我们慢慢懂得，狂欢，不过是一群人的孤单而已。

03

你心情不好，在群里问了一句："有人在吗？"

半天没人说话。

你发了一个二十元的红包，分成十份。

五秒被抢光。

你感觉更难过了，明明群里别人难过时自己总是那个随叫随到的人，但轮到自己难过时怎么没人理了？

当一个人被称为随叫随到的人时，我想问："你有自己的生活吗？"

当一个人完全没有说"不"的能力时，他所在的世界又和一座无形的囚笼有什么区别？

在很多人的大学记忆里，或许总有那么一个人，他永远不会单独出现在人们视线里。

不管是哪一个集体，这样的人都是最没出息的，也是在毕业后最没有人会记得的。

因为，老虎总是独行，牛羊才成群结队。

04

刘同在《你的孤独，虽败犹荣》中写道："没人喜欢你，没人搭理你，没人约你，没人站在你的角度考虑问题。没人等你，没人陪你，没人想到你，没人站在你的身后鼓励你，这些都不值得抱怨，只是我们生命中一件又一件再自然不过的事。没有人关心不是孤独，面对悬崖声嘶力竭呐喊，无人回应才算孤独。"

那个应该做出回应的人就是你自己。

很多人努力合群是为了什么？是希望得到所有人的认可，还是希望得到很多满意的反馈？

努力合群的人是可怜的，因为他们大多数的时间在迎合他人中度过，他们就像是俄罗斯方块里的积木一样，合群了，但也消失了。

龙应台在《目送》中说：“修行的路总是孤独的，因为智慧必然来自孤独。”

有些路只能我们一个人走，而一味地合群只会让我们在茫茫人海中迷失真正的自我。

05

为什么那么多人要努力合群？大概是因为人都惧怕孤独，但从来不去享受孤独。

他们不明白，孤独也是一种生命的历程。

我最喜欢的美剧《广告狂人》里面的男主角说过这样一段话：“你孤身来，就会孤身走。这个世界丢给你一堆规则，好让你忘掉这个事实，但是我从来不会忘记。我把每一天都当成最后一天来活。”

而这正是每一个人都需要的心态：把每一天都当成最后一天活。

之前看过一个纪录片，采访那些将从这个世界离去的人，有哪些事情是他们最遗憾的，其中有人回答说：“我很遗憾在我人生那么长的时间里，我都不是为自己活，我不敢做我自己，没有努力表达自己内心真实的想法。”

夜色如水，孤独如黑，关键是在始终无人注目的暗夜里，你可曾动情地燃烧，像那颗不肯安歇的灵魂一样，为了答谢这一段短暂的岁月？

06

周国平说：“孤独是人的宿命，它基于这样一个事实。我们每个人都是这世界上一个旋生旋灭的偶然存在，从无中来，又要到无中去，没有任何人任何事情能够改变我们的这个命运。”

孤独，既然是我们的宿命，我们就不可逃避。

选择不去迎合所有人，不去费力地合群，也许你成为不了人们眼里的好人，但却可以当自己的王考。

愿你拥有大风与烈酒，也能享受孤独与自由。

这个世界没有什么事情
比爱自己更重要

01

今年五月我开车出了一次交通事故，虽然结果有惊无险，但过程中却是差点儿车毁人亡。

我第一时间发了一条微信朋友圈，感慨自己和家人能在事故中毫发无损，很多亲人、朋友看到后纷纷私信问我具体情况，但大多数人并没有做出任何反应，哪怕是点个赞。

请注意，说到这儿我并没有要去抱怨什么关于人情冷暖的问题，因为有可能有的人就是没看见啊，没看见怎么回复、关心你？或者人家看到你平安无事就懒得问你了啊。

这都没问题，就像那句过气的网红流行语一样：你身边的人发生的百分之九十九的事情实际上都与你无关。

换句不好听的话说，如果那天的事故是另一种结局，使得我能站在上帝视角来看，又会是怎么样呢？大概除了我的家人会痛不欲生，我最好的朋友会悲痛，我在这个世界上认识的其他人都只会说一句："年纪轻轻的，太可惜了。"

不是人们看不起你，只不过你存在，你的价值和能量就在，可如果你有一天变成了暗物质，从此熄灭，你觉得自己理应被思念追忆，而现实是，你很快就会被遗忘，因为生活永远都在向前走。

同样，这和人情冷暖无关。

02

今天中午的时候收到了一个不好的消息，曾经的一个高中同学被怀疑患脑胶质瘤，但她很乐观，她发微信朋友圈告诉所有人，现在的科技医疗很发达，自己会好的。

"是的，你这么年轻，我们相信你一定会平安无事。"很多朋友和我一样纷纷在下面评论表示安慰。

可然后呢？对于我的同学来说，从某种意义上来讲，我们都是旁观者，事实上我们能做的也只有默默献上自己的祈愿，希望她没事。可除此之外我们都还要继续生活，我们还要拼命工作，被琐碎的事情搞得焦头烂额，并不会在这件事上驻足太久。

可对我的同学来讲，那可是她天大的事，是足以改变她命运的事。

那么，我们冷漠吗？

03

这就是我想说的，这个世界上其实并不存在所谓的感同身受，即使有，如果没发生在自己身上就不是大事，并不是那些旁观者冷酷无情，只不过时间不会因为某一个人的遭遇而停滞，对自己来讲天大的好事或是灾难，都不过是旁人茶余饭后的故事。

是的，真相就是你的存在，你的喜怒哀乐，对于你周遭大多数人而言，或许很特别，但根本不重要。可在平时的生活中，我们却往往受累于世俗的眼光，会因为他人对自己的态度或者议论而感到烦恼，使自己的情绪被他人牵着鼻子走，甚至可能做一些让亲者痛、仇者快的事情。

所以，我们不需要在意大多数人的感受，不需要在意那么多人的看法，因为别人也不在乎。

04

所以这个世界上，最应该爱的人就是你自己。能照顾好自己的人，才有能力去爱身边的人，你不在，这个世界就不在了。

不要透支自己的身体，要适度地养生，不要以为年轻就是资本，其实健康才是。

不要让他人的情绪或者语言干预到你，我相信人性的善良，但也绝不姑息那些幸灾乐祸。

去爱你身边的人，因为情商低的人是经常对外人毕恭毕敬，对挚爱之人骂骂咧咧的，这是最愚蠢的表现。如果你今天遭遇不幸，那些你毕恭毕敬的人，想的不是纪念你，而是赶快找个人替代你。是的，对于有些人来说，你不过是个过客，但对于一些人来说，你就是整个世界。

去把每一天当成最后一天活，你会发现你曾经在乎的其实并没那么重要。

这个世界上没有什么事比爱自己更重要了。

你活得那么累，是因为你试图感动那些“蠢人”

01

蔡康永在《奇葩说》的一期节目里说过：“你要尽可能远离那些蠢人，因为这些人根本不会懂你的好。”

有些人，你对他们再好，很多年过去了，结果发现对方根本就不懂，你说这是不是很悲哀？

很多时候，我们尽可能地做到让对方开心，我们认为对方有一天会明白我们的真心，可到头来却发现，无论你做得再好，有的人看到的始终是你做得不够完美的那一点点。

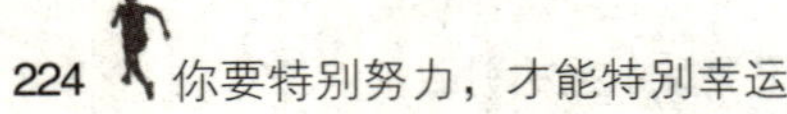

其实，上边说到的“蠢人”，很多也并非真的蠢，也有很多人仅仅是在你面前故意表现得很“蠢”，这让我想起了一个笑话：

一个男孩与女神聊天。

男孩：“在吗？”

女神：“嗯。”

男孩：“吃过了吗？晚上请你吃饭。”

女神：“吃了。”

男孩：“噢，好吧，那一会儿准备干吗？”

女神：“去吃饭。”

这个男孩想必内心受到了一万点的伤害，从这个对话上看，这位女神确实也没有什么情商，完全不给对方留点儿余地，给人感觉很“蠢”。可更有可能的情况是对方压根就不想在你身上动脑筋，你怎么看待人家，人家也根本不在乎，于是你才觉得对方很“蠢”。

其实在对方眼里，你才是真正蠢的那个人。明知不可为而为之，很多情况下不过是徒增烦恼而已。

真正的聪明人更多会选择向内挖掘，而非向外满足对方的各种需求。就像那句哲言所说：“想要得到一样东西的最好方式，就是让自己配得上它。”

02

在民国的女子中，最佩服的就是张爱玲，敢爱敢恨者莫过于张爱玲。

张爱玲在自己二十四岁时，嫁给了一个叫胡兰成的男人。

胡兰成何许人也？文化汉奸，汪精卫手下的一杆笔，写过不少离经叛国之言。嫁给他，不仅会遭到万人唾弃，甚至有性命之忧。

可张爱玲呢？虽千万人，吾往矣。只是轻描淡写地说了句："胡兰成，懂我。"

"懂我"二字，便道尽千言万语。

此后，抗日战争结束，胡兰成便四处逃亡，可胡兰成此人生性风流，走一路玩一路，他还有句臭名昭著的名言："时常看见女人，亦不论是怎样平凡的，我都可以设想她是我的妻。"

可即使这样，张爱玲依然没有选择放弃胡兰成。在那个动荡的年代，她一路寻胡兰成至温州，却发现他已有新欢。胡兰成恬不知耻，甚至要求张爱玲为其新欢画像。

张爱玲画着画着就不画了，胡兰成问：“你怎么了？”

张爱玲含泪问：“你与我结婚时，许我‘现世安稳’，你给不给我安稳？”

而胡兰成却顾左右而言他。

张爱玲终于选择放弃了，在一个大雨滂沱的夜晚选择离开。

此后的九年里，张爱玲仍一直给胡兰成邮寄生活费。直到胡兰成有了一份安稳的工作，张爱玲写信给他说：“这次的决心，是我经过一年半长时间考虑的，你不要来寻我，即或写信来，我亦是不看的了。”

在信后，张爱玲附上了自己三十万元的稿费。

从此，尘归尘，土归土。

此后数年胡兰成仍不断给张爱玲写信，张爱玲决意不回。

胡兰成蠢吗？或许吧，有张爱玲这样的爱人还不满足，还要执迷不悟。

可是，有些人就是生性凉薄，有些人本就生性风流。对他们而言，即使你已经做了自己能做的一切，却依然无法改变他们。这个时候，即使继续死缠烂打也毫无意义，只会沦为他人的笑柄，还不如就此放手，做一个像张爱玲这样敢爱敢恨的人。

03

在上大学的时候，我有一个高中同学经常向我借钱，穷学生嘛，自己当时也没什么收入，但我还是尽其所能地借给他了。

每次借的金额也不小，五百左右。这位同学的家境并不是特别好，所以每次向我借钱后即使没还，我也没有再去追要。

一方面是认为他是真的忘了有这回事儿了，另一方面也是希望尽可能帮他一把。

再等到之后大学毕业，有一次我和他一起去参加一个同学的婚礼，当时我们两个都已经有工作了，他再次跟我借钱，说自己想随礼，但是没拿现金，于是我又借给了他。

同样，这一次，他仍然没有主动还我。

这回我不能忍了，于是找了个理由叫他还钱。没想到这位同学竟然说："以前我向你借钱是因为觉得你够意思，没想到你也和他们一样，算了，以后再不向你借了。"

从此以后，这位同学再没向我借过钱，当然也几乎再没联系过我。

而我怎么也没想到，自己这位同学竟然是一个爱占小便宜的人，原来他从来没有忘记我借给过他钱，只是单纯地不想还而已。可是，我这位同学就算拿了这些钱，又能多做些什么呢？一个朋友的价值还远不如那几个钱吗？

后来我懂了，有时候换位思考并非万能的，因为有些人的认知方式远非你所能理解。就像我这位同学，如果站在他的立场上讲，我会觉得因为借钱不还而损失一个朋友好蠢，可在他看来却不是这样的。

是的，你永远也叫不醒那些装睡的人，就像你永远也感动不了那些“蠢人”。

04

在金庸的小说《笑傲江湖》当中，林平之可以说是一个悲情人物。

他自小便失去双亲，于是他从小到大的人生目标便是复仇，即使后来与岳灵珊相爱也不过是将其当作复仇工具，以此来达到自己的目的。

关于这一点，岳灵珊知道吗？书中没有细写。

但我们可以推测，她应该是知道的，两个人在一起的时间越久，越容易了解对方到底是什么样的人。

林平之复仇心切，这一点，冰雪聪明的岳灵珊怎会不知?!

但她依然“执迷不悟”，在林平之已经决意抛弃她走向复仇路的深渊时，岳灵珊仍旧放不下，还奢求林平之回心转意。

最后的结局我们都知道，岳灵珊被其杀害。

许多人可能会觉得林平之冷酷无情，只知道复仇。也有人骂林平之愚蠢至极，放着岳灵珊这样的爱人不要，并且将来继任华山派掌门后再复仇也不迟。

可林平之的“蠢”是深入骨髓的，是无法改变的，就像很多人骨子里的那些东西一样。也许在某些夜里他也想过放弃复仇，但在梦里又看到自己父母被残忍杀害的那一幕，于是复仇之火便再次被点燃。

这大概便是这一类看起来很“蠢”的人的宿命吧。

可惜至今还有很多“岳灵珊”们看不到。

05

佛教里有一个字很玄妙，叫作“缘”。

缘聚缘散，不必强求。

然而很多人的悲剧却起源于不甘心，非要同那些与自己无缘的人扯上关系，最后强扭的瓜不甜，搞得两败俱伤。

于是，我们很多人抱怨世上的蠢人为可如此之多，为什么自己付出了那么多，对方还是不懂。

或许，不懂就是不懂，不爱就是不爱，再多问为什么也不过是徒劳无功。

那么，我们能做什么？其实无非就是珍惜眼前人，珍惜那些对你好的人。

就如同佛说：“握紧拳头，手是空的，伸开手掌，你便拥有全世界。”

放弃那些与你无缘的蠢人，去拥有更好的人生吧。

人值不值钱，看他的原则值不值钱

01

电视剧《欢乐颂》里，安迪和邱莹莹是两个截然不同的人。

邱莹莹表面上左右逢源，开朗活泼，情商高，更容易与人相处，更受欢迎。

而安迪则不一样，安迪待人接物时总是有一套自己的原则，不允许他人越过她的红线。

邱莹莹很苦恼，曾经无数次抱怨，自己这么努力，尽力让所有人开心，却为什么总遇到渣男。反之，安迪看起来那么高冷，所交往的男性却都那么优质。

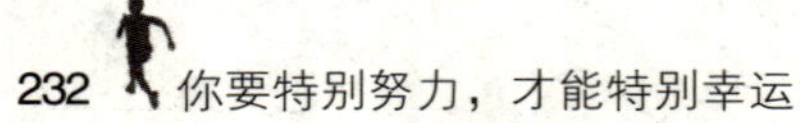

其实道理很简单，你的原则是什么样，你遇到的人就会是什么样。

每个人的最终归宿其实都是自己。

02

想起了曾经看到的一个故事。

一个女生在刚上大学时，说自己交男朋友要有这样那样的原则，可真正谈恋爱了就把自己的原则全部抛之脑后。

她还安慰自己：总有一个人会成为自己的例外，打破自己所有的原则。

她原以为只要自己为男朋友付出一切，对方就能感恩戴德，而没想到男友仅仅是把她当成满足欲望的工具。

可她依然相信男友是深爱她的，于是继续无底线地为他做任何事。

其实，她早就发现，她的男友除了她之外还有一些暧昧对象，她也闹过分手，但在男友的苦苦哀求下，她还是心软了。

于是男友变本加厉，更加肆意妄为。

到后来，她终于痛下决心，选择了分手，再没有回头。

她说："曾经以为爱一个人，就是要没有原则地对他好，到后来才发现，人一旦失去自我，便一文不值。"

很多时候，我们觉得爱一个人就要不惜代价，放弃自我，实际上，真正爱你的人，一定会理解你，心疼你，尊重你的底线与原则。

任何时候放弃自己的底线去取悦他人都是十分危险的，你的付出不光得不到回报，更可怕的是，失去原则后，你连曾经拥有的都将被夺去。

03

每个职场新人可能都遭遇过被劝酒的经历。

我有个女性朋友本来就是不能喝酒的体质，刚上班时每次去应酬场合都以自己身体不舒服或是家里有事等为由推托不喝酒。

有一次外出与客户吃饭，她又以上述类似的借口拒绝，结果老板直接怒了。

“怎么，你每次一出来就难受？一出来就家里就有事情？不行！今天这酒你必须得喝！”

迫于压力，她把酒喝了。

可从此以后，她就再也无法通过找借口来不喝酒，因为所有人都知道她只是在找借口，其实她能喝酒。但实际上，她每次喝完都难受得无法入睡，要吐好几次才能吃下饭。

最后，我这位朋友从先前的单位辞职了。

而今年她找到了一份新的工作，再次面对要喝酒的应酬时，她斩钉截铁地说：“对不起，我不能喝酒！”

开始老板以为她是推辞，还让她喝，但之后的每次应酬她都这样说。久而久之，也就没人再让她喝酒，只是说：“这个丫头喝不了酒，一会儿让她开车就行了。”

职场如战场，有原则的人相当于穿了铠甲去打仗，没有原则的人，墙头草、随风倒，不光难以保护自己，还时常惹怒众人。

所以，面对很多棘手的问题，其实只要你保持一贯的原则，原则本身就会帮你解决。

04

曾读过《一寸山河一寸血》，这部书描写了东北大军阀张作霖的往事。

有一天，日本驻东北高官们设计邀请大帅张作霖出席高规格盛大酒宴。

当酒过三巡、菜过五味，宾客扬扬得意之时，一个日本高官突然站起大声喊叫：“现在，文房四宝，已经准备妥帖，请张大帅为酒宴命笔献墨宝。”

日本众高官则鼓掌号叫欢迎。

这事儿，日本人之前竟没有同张作霖打过招呼，他们只是想要让识字不多的张作霖当众丢脸出丑，再施以嘲笑。

哪承想，张作霖却不慌不忙走近画桌旁，挽袖伸臂提笔，饱蘸浓墨，连下几笔，快速写成了一个斗大的“虎”字。略停片刻，没有加盖什么官印，只在落款处题写“张作霖手黑”五个大字。

张作霖的侍卫长见之慌了神，急忙走上前附耳对大帅说：“应该题手墨，怎能写成手黑？黑下面还有土，不能忘了。”

张大帅一听，瞪大了眼睛高声说：“老子早知道黑字下面有个土才是墨。我能写上土吗？我这是警告日本高官们，我张作霖是寸土不让，想侵略我东三省土地，没门！”

当初看完这个故事后，即使隔着时空，也能深深地被张作霖的英雄气折服。更令人感慨的是，面对强敌却能始终坚守自己原则的人，才是真英雄。

果真在张作霖镇守东北时期，日本人始终不敢侵犯东三省一寸土地。

很多时候，我们抱怨无法坚持原则是因为外界给自己的压力太大，但张作霖用行动告诉我们，只要一个人的原则性足够强，就算是豺狼虎豹也会惧你三分。

05

很喜欢辩论牛人黄执中的一句话：

“人值不值钱，看他原则值不值钱。”

在现实生活中，有些人磨光了身上所有的棱角，以为圆滑才是真正的为人处世之道。

其实，任何一个认知水平不差的人心里都明白，圆滑的人才是最不可信赖的人。因为这种人没有原则，他们左右摇摆，见风就是雨，表面趋炎附势，实际暗箭伤人。

然而，在这个时代，有原则却常常被人误解。很多人认为有原则的人就是死板，就是不会变通。

其实不然，真正有原则的人也是圆通的人。圆通意味着不认死理，遇到无伤大雅的问题一笑而过，但在触碰到原则问题时，寸土不让，誓不低头。

这种人才是最值得交往，最能获得人生幸福的人。

就像黄执中所说的："自由派和保守派都可以从自己的原则中得到幸福。谁得不到幸福？半吊子的人。"

愿你成为真正幸福的人。

写作路上，
离套路越近，离灵魂越远

01

我记得自己刚开始写作的时候，关注过一位作者，他有一篇文章写得还行，在某个点上触动了我。

于是我试着找他聊天，与他交流文章里的某个观点。

然而，他只说了一句话就成功打消了我再聊下去的热情。

他对我说：“呦，原来是我的小粉丝啊！”

瞬间我就知道，他的文章里那些看起来精妙的观点，原来都只是套路。

并且，“粉丝”这个词让我觉得很不舒服。

在新时代的写作里，我总是觉得，作者和读者表面上拉近了距离，实际上二者之间的地位却在发生着某种微妙的改变。

过去的岁月里，车马书信都很慢，在没有手机和互联网的时代，纸质书成为读者与作者交流的唯一媒介。

过去，我喜欢读钱锺书先生的《围城》，感觉它写尽了人间百态；我也喜欢夜晚来临时读读北岛的诗，“你没有如期归来，而这正是离别的意义”让我深受感动。

看他们写的东西时，我从未当自己是他们的粉丝，我是一个读者，觉得他们才华横溢，他们虽是文弱书生，笔尖下却有雷霆万钧之势。

即便如此，那些写下恢宏著作的大师们，似乎也从未以偶像自居。

02

偶像，意味着在某种程度上要去讨好粉丝，他们的表现和语言要在绝大多数时间符合大众心理的预期，只能偶尔制造一点儿小意外来锦上添花。

迎合粉丝，是偶像们工作的一部分。他们需要告诉自己的粉丝，我和你们想象里的那个我并没有什么不一样，如果你想象里的我完美，那么，我就完美；如果你们想象里的我荒诞不羁，那么，我就荒诞不羁。

都是为了节目效果，对于偶像来说，这无可厚非。

但对于一个写作者，如果你只是一味迎合你的读者，为了点赞和转发去写作，那么你大概永远只能当一个套路的搬运工，永远无法让自己的文字具有辨识度。

03

是的，找到自己的写作风格然后坚持写下去，是一件很难的事情，它需要你长期徘徊在自我怀疑的路上，这是一条看不到尽头的路。

相对于把别人成熟的套路拿来直接在脑子里复制粘贴，找到自我，按照自己的想法写，这个过程简直煎熬到让人崩溃。

因为我们从上学时就习惯循规蹈矩、按照老师的步骤来解决数学题，多一步少一步都不行。所以当我们终于毕业后，才发现思维的惯性早已在我们的脑子里根深蒂固。

然而，这个世界上总是存在着一些“聪明人”，他们在简单尝试后就懂了，原来，大众读者们并不想看到真相。

当你试图拨开迷雾，告诉他们事实到底是怎样时，往往会遭到大量的攻击；而相反，只要你给他们看他们本来就认同的东西，他们就会欢欣鼓舞，甚至在评论中给你留言“我被你的文章圈粉了”。

于是乎，你尝到了甜头，就更明白，原来创作不需要走心，而需要迎合，迎合市场才是王道。当读者看重情商时，你就写情商的重要性，把情商吹上天。当读者刷了几天微信朋友圈，又开始看重别的能力时，你就赶快文风一转，把情商写得一无是处。

而给你的评论里，大多也都是认同的，你惧怕出现反对的声音，害怕对方说你的观点偏激。

是的，不得不承认，很多人已经被鸡汤煲得闻不得一点儿带有刺激气味的东西，因为那意味着负面情绪，意味着消极，意味着与他们固有的思想发生碰撞。而这，让他们很不舒服。

越是这样，你就越沉迷于那些套路当中。当你写下一篇违背自己真实意愿的文章时，开始内心还会隐隐作痛，感觉像做了坏事一样，可是，当你看到那些铺天盖地的好评、喜欢和点赞后，你就瞬间释怀了。

可你不知道的是，读者并非在粉你，他们认同的不是你，而是你文章里的一句话，或是一个字。当你在处心积虑地为关注和喜欢研究套路时，却恰恰忘记了——写作路上，离套路越近，离灵魂就越远。

04

所以，那些关注我的人，我从来都称呼为朋友或是读者。

我没有粉丝，因为知道自己远没有高大到别人需要来仰视我。

我知道，他们之所以关注我，除了手抖点错之外，无外乎就是，我文章里的一句话，或一段话，在某个节点引起了他们的共鸣。

仅此而已。

Part6

后来我们什么都有了，但没了我们

怎样才能拥有共同成长和彼此信赖的朋友

01

在谈交朋友这个问题之前，我想先聊聊我的朋友观。

我们的社会发展到今天，本质上讲依然是人情社会，很多人会把有过一面之缘的人称为朋友，从而方便他们在日后有所需求时为自己所用。

而我属于比较老派的一类人，我把“朋友”二字看得十分重，真正能被我算成朋友的，估计两只手摊开就能数得上来。

无他，并没有哪一种社交理念就一定更好，或者更正确。相对的，在与外界社交时，找到让自己舒服的方式，是我更看重的。

02

之前看过的一篇文章讲到，区分内向与外向，就看你把应酬或是聚会当成是充电还是放电，更趋向于哪个，就说明你是哪种人。

按照这个标准，那么可能我就是个偏内向的人，但这不代表我无法应付这些场合。相反，通常情况下，我还能表现得不错，譬如有礼貌，能逗乐。

但我还是会觉得很累，每次参加完聚会或应酬后，我都感觉自己像被掏空了。

我非常了解自己的性格和脾性，因此我不会刻意去结交那些走在哪儿都能一呼百应、拥有海量朋友的人。

相反，我喜欢与那些比我聪明的人交朋友，他们或许是在某一方面要比我强，或许是在认知水平上超过了我。

在外人看来，他们可能是一些不靠谱、不好交往的人，他们狂妄、疯癫、脾气大、不拘小节。但他们总能在某个点上启发我，让我明白，哦，原来事情是这样。

或许他们不是那种被外界普遍认同的潜力股，但我却能透过表象，看到他们的真正价值和能力。

03

当然，朋友之间的关系不可能是静态的，很多人觉得朋友就是能时常坐在一起谈谈心、拉拉家常的人，互相倾诉完之后各回各家。

这样的朋友事实上很难长远维持下去。随着年龄的增长，每个人都不可能像上学时候那样有那么多时间来陪伴对方，在我们埋头苦干的同时，生活的琐碎就足以让人心力交瘁。

这时候，那些曾经和我们胡吃海塞的所谓酒肉朋友就会被慢慢遗忘，我们会选择那些与自己保持在同一频道，有相同认知水平的人。之前关系不错的朋友，如果对方三番两次叫你出来，可你却发现自己完全不知道对方在说什么，那么你们这段友谊就很难再像从前那样了。

我格外看重我的朋友，所以就必须时刻保持着认知和知识水平的更新迭代，我生怕自己哪天变成那个上不去那张酒桌的人。

朋友不是用来取暖的壁炉，而是共同成长的伙伴。

因此我并不认为“功利社交”有什么功利，玩具多的小朋友愿意和有同样多玩具的小孩当伙伴，为什么大人就不行?!

04

然而，以上所有的内容都必须有一个前提，这个前提就是信赖。

人生中总有一些时刻，全世界都站在反对你朋友的一边。

这时，你应该如何选择?

是弃他而去，站在道德的制高点指责他，还是依然选择相信他，站在他的身后对抗整个世界?

其实，真正的问题就在于，你的朋友在这时如果并没有被误解，而是真的做错了一些事情，你是否还有勇气站在他的这一边，哪怕这时你也面临着被指责的风险?

我知道，大多数人都明白，想要得到一份珍贵的友谊，你应该选择后者。但我也知道，大多数人肯定做不到，选择在风口浪尖发出与大众相反的声音是需要强大的勇气和信念的，而躲在舒适区则相对容易得多。厌恶风险的特性会使得绝大多数人都选择站在安全的港湾内，这无可厚非。

只不过，这个世界的逻辑其实很简单，你选择见不得风浪的朋友，就必定只能收获平庸的友谊，而无限风光在险峰，经历过大风大浪考验的友谊，才会弥足珍贵。

下次，如果你的朋友真的面临这样的考验时，不妨问问自己，如果面临此情此景的是你，你会希望自己的朋友做怎样的抉择。

你对朋友的期待其实就是朋友对你的期待。

你们之间最好的结局，就是老死不相往来

01

在我上大四的时候，经历过一场虚惊。

当时，我和前女友因为备考公务员所以租了一间高层公寓，一个周六的早上，阳光明媚，风吹得刚刚好，我坐在窗户前发着呆。

突然我发现对面天然气公司的一个建筑冒烟了，紧接着警报声就开始响起，有人拿着大喇叭在下面喊："请周边人员赶紧撤离！"

我和前女友都慌了，连家门钥匙都没拿就往外跑，没

想到走到电梯门口竟发现电梯也不让用。那怎么办？走步梯吧，于是好不容易踉踉跄跄跑到了一楼，结果发现安全出口的门竟然还被锁着！

后来，因为保安人员的帮助，我们脱困了，幸运的是那天也没有发生更可怕的事情，火势很快得到了控制。但就在我们被困在楼梯里的时候，我脑子里确实有想法闪过，如果今天就交待在这儿了，那么她就是最后陪着我的那个人。

我们之间的感情也确实因为这件事更好了，脱困的那天中午我们去大吃了一顿，吃饭时她给我发了一条微信说：“你若不离不弃，我必生死相依。”这是她第一次这样和我说，我很感动，在那一瞬间，我觉得她就是我一生的唯一。

但是，最终我们还是没能在一起。

02

分手后的很长一段时间里我难以释怀，深夜不睡觉一遍遍翻她的微博，看曾经在一起的那些照片，听五月天的歌：“为什么命运带我走过最难忘的旅行，然后留下最痛的纪念品？”

我无法放过自己，一直纠结为什么经历了那么多刻骨铭心的瞬间，我们依然还是不能在一起。

我给她打电话，电话中甚至我们还和从前一样有说有笑，她半开玩笑地说：“你重新追我啊。”

之后，她就删了我所有的联络方式。

我发短信问她为什么，她回复我说：“我们都知道咱们没有可能了，但都放不下，每次看到你发微信朋友圈就还是会想起你，所以，我们彼此不要再有任何联系了，重新开始自己的生活。”

于是那天之后我们就没有再联系过，而我在去年和一个朋友吃饭时偶然听说她已经结婚了。

03

现在我可以如此坦然地把这些往事写出来，是因为我早已放下，也有了自己的生活。

曾经，我固执地认为那天在公寓楼发生的险情是我们最深的牵绊，而那句“你若不离不弃，我必生死相依”不光是她的承诺，也是我的。

殊不知在爱情里，如果两个人相爱，那些海誓山盟、你侬我侬便是铠甲，而分手后却会变成你的软肋。

在黑夜里，当你一个人的时候，孤独感，愧疚感，以及那些回忆所带来的痛楚就会乘虚而入，扎得你遍体鳞伤。

有一句话是这样讲的：分手后不可以做朋友，因为彼此伤害过。也不可以做敌人，因为彼此深爱过。

不如就此相忘于江湖，老死不相往来。

04

很多人分手后依然与前任保持联系，嘴上说即使不能再当恋人，也要做朋友。其实但凡有个恋爱和失恋经历的人都知道，这样的说法是自欺欺人。

分手以后还与前任藕断丝连，无非就是不甘心，盼着和前任的爱情死灰复燃。分手带来的痛苦太大了，会让一个人忘掉当初是为什么和对方分手的。

分手只是一段感情的结果，就像一篇文章的句号，只不过这种戛然而止的感觉令人无所适从，所以想要继续下去。它会让你忘了你们本质上根本不是同一类人，在一起这么长时间里的那些争吵，彼此之间闹得不可开交。当然，过程中，你们也尝试过沟通，但有些东西的不同可能是从一开始就注定的。

你严肃刻板，他随性天真；你喜欢四处旅行，他只对“宅”情有独钟；你追求名利与金钱，他热爱创造和自由。这些无所谓谁错谁对，也无高低之分，只不过证明了你们两个是不同的人而已，而之前的那些争执实际上在提醒着你，如果你们日后真的在一起，也不会幸福。

没错，时光的绝情之处就在于，它让你熬到发现真相，却又几乎不给你任何补偿。

05

所以，在一起的时候就不要轻易说分手，可既然决定分手就体面一些，更干脆一些，不要再去打扰对方的生活，也不要消极悲观，觉得自己再也不会爱上其他人，生活远没有那么糟糕。

当然，也不要因为害怕难过就急着逼自己马上忘了对方，那样只会适得其反，你可以慢一点儿，让时间来慰疗伤疤，更不要因为害怕孤独就去立刻开始一段新的感情，对的人往往不会在你孤单的时候出现。

如若相爱，便携手到老；如若错过，便护他安好。

愿你遇到一个如彩虹般绚丽的人。

卑微到尘埃里的爱情，后来都怎么样了

01

当你准备和一个人在一起，却困惑是因为爱情还是感动时，别多想了，一定是感动。

上大学时见过很多男生表白：有在宿舍楼下点蜡烛摆桃心的，有拿大喇叭高呼“我爱你”的，有在全班同学面前向女生单膝下跪、朗诵情书的……

看似用心的表演，成功率却低得像在沙滩上散步捡到黄金一样。

很多女生觉得以这样的方式来求爱，无异于道德绑架，况且这种明目张胆的表白方式的用心本身也值得探究。

但我觉得，但凡用到上述方式表白的爱情，都很难持久。

02

前几天，我的好兄弟阿呆有情况了，作为我身边唯一一个单身二十几年的朋友，我迫切地想了解他感情的进展。

他和我说："我向她表白了三次，但都被拒绝了，而且理由各不相同，第一次拒绝是说刚刚失恋，不想马上开始；第二次是觉得我年龄偏大，等不到她；最后又说我们俩根本没有可能。但我并不想放弃。"

我告诉他："一个人如果真的喜欢你，即使是暂时拒绝也会说得非常暧昧，暗中提示你接下来的可能性，可像你这样已经被明确拒绝的，还有什么挽回的余地呢？不喜欢就是不喜欢，所有的借口都是因为不喜欢。"

阿呆说我太过残忍，而且这不是真相，真相是对方因为害羞不好意思同意。

我知道阿呆其实是在指责我不留情面，觉得我应该鼓励他，让他加油，再试试，说不定对方就同意了呢。

我当然可以给他打很多“鸡血”，但我选择给他真相。

试图强迫一个不喜欢自己的人喜欢自己，到头来不过是强扭的瓜不甜。她不喜欢你，你做得再多，对她而言也不是浪漫，而是负担。

03

一段感情，其实就像是两个人在拉皮筋，先松手的人若无其事，而拼命拽着的人痛彻心扉。

生活中我们都见过一些渣男，他们无所不为，甚至还家暴，打女人。

但你会发现一个奇怪的现象，就是一些受害者会选择忍着，她们会觉得是自己做得不够好，所以丈夫才会这样。

于是她们更加无条件地对对方好，丈夫没钱了，自己坑亲戚朋友，骗也要把钱骗出来；丈夫每天花天酒地，胡作非为，自己承担起所有的家庭重担。

这些妻子以为她们的无私付出能换来丈夫一点点的同情。当然，她们更不愿意相信的是，那个曾经对自己海誓山盟，愿意为自己飞蛾扑火的人，其实也并没那么爱自己。

殊不知，那个真正飞蛾扑火的人是她自己，她们想挽救的是一段早已残破枯萎的爱情。

04

作家柒柒曾分享过自己的一个真实故事 。

大二时，室友都恋爱了，唯她没有。她傲慢地说："宁缺毋滥，我不会放弃我的原则。"

大三时，她爱上了一个男生，从此放弃了所有原则，卑微到了尘埃里。

室友们都笑她，她却说："总有一个人打破你的原则，然后成为你的原则。"

男生喜欢吃鱼，柒柒就在凛冽的冬晨，在河边守候数小时，为他买最新鲜的鱼。

两人吵架了，明明是对方的问题，柒柒也要站一整夜的绿皮火车，去他的城市，跟他说声对不起。

大冬天，例假来了，她蹲在地上，也要把他的臭衣服洗得干干净净。柒柒以为，这样就能换来他的真爱。可她熬好鱼汤，打电话叫他回来吃饭时，换来的是一声："烦不烦？我正忙。"

她将干净的衣服放到他面前时，换来的是一句："这本来就是女人该做的事。"

即便这么忍气吞声，柒柒最后还是失去了他。

多年后，回忆这段感情经历时，柒柒这样写道："我一直以为妥协一些将就一些，这个世界就会为我让出一席之地，后来才知道，一旦你失去了原则，很快就会溃不成军，你所在乎的东西，会一样样失去。"

我说这个故事是想告诉大家：不要试图去感动一个不爱你的人，遇到好人可能还好，他不过是淡淡地拒绝你，可遇到心地不好的人，他甚至会利用你，让你付出惨重的代价。

05

回到最初的问题，为什么在宿舍楼下大张旗鼓地表白方式，最后就算成了但也难以持久？

是因为以这种方式追求对方的人，骨子里就觉得自己配不上对方。他们害怕单独约对方出来，在某个四目相对的时刻因为自卑而不敢面对对方。他们更害怕以两个人的方式表白会被对方一口拒绝，因为那种拒绝很简单。

而现在，我吸引了这么多人的注意，在众目睽睽下，善良的你怎么好意思拒绝我？于是在理论上就增加了表白成功的可能性。

而有些人还真就因此而成功了，可那份自卑消失了吗？并没有，自卑的来源可能是家庭，她是富家女，你是穷小子。也可能来自认知，人家喜欢读书写字，而你却终日泡吧上网。

没在一起时，她是高高在上的女神，你只能仰望。而好不容易在一起之后，这道鸿沟却并没有被填满，而是越拉越大，你们的世界观，以及对未来人生的规划根本就南辕北辙。你终会明白，你们的人生实际上就是两条平行线，而这段阴差阳错的交集才是孽缘。

是的，爱情里最大的错误，就是你想找一个自己根本配不上的人。

06

很喜欢查理·芒格说过的一句话："想得到一样东西的最好方式，就是让自己配得上它。"

在爱情里也是如此，与其在一个不喜欢你的人身上纠结，不如好好修炼自己，最好的风景永远是在路上的风景。

同时我还想说，虽然我们在结婚时会对另一半讲你是我的唯一，但我不希望这句话出现在追求一个人的过程中。适当地放过自己，乐观地告诉自己，虽然她不喜欢我，但没关系，我的人生不该在一棵树上吊死。

而如果你失去了一个人，我也希望你能豁达，我想告诉你的是这个世界上鲜有什么是唯一的，与其卑微地祈求对方回来，不如收回眼泪，再次出发。

“我愿与你挽手看星空，你走了也无妨，星空依旧繁美，我为它赞叹。”

班长，
今年同学聚会我不去了

01

前两天和爸妈聊天，说起了关于同学聚会的事情，我对二老说："今年的同学聚会我不去了。"

就是这样普通的一句话，遭到了二位的强烈抨击。

"你知不知道走在社会上就同学最亲？你才多大啊，就把自己封闭起来？不去同学聚会怎么社交？怎么和同学保持亲密？你知不知道有个熟人在外面办事要比没有强多少?!"

……

还能不能愉快地聊天?

但对于老爸老妈的说教我向来无力反驳，只能在表面上附和道：“是是，儿子年幼无知，还是你们二老通晓世事啊。”

事实上，爸妈说的也没错，从他们的时代认知来看，在家靠父母，出门靠熟人。同学，是一个人闯荡社会最能信得过的人。

说得直白一点儿，同学，是最容易结交的朋友。

02

大学毕业第一年参加同学聚会，那时自己刚工作不久，理论上是职场人，实际上还是一副学生模样，不光外貌是，内心也是。

可有的同学却远比我成熟。

那天我去得很早，一进房间就被另一个也是在银行工作的同学拉了过去，他对我小声讲：“包子，知道不？咱们班那个家里超级有钱的同学今天也来啊，一会儿咱们银行的可得多捧捧人家，万一以后有个什么任务还不得指望这些有钱人啊?”

我“哦”了一声，就入席了。

可我知道，这场同学聚会，远没有看起来那么简单。

理想主义的人会把同学聚会当成是一场童话，那里有青春，有梦想。如果说人生是一本书，那么同学聚会可以帮我们重新翻到学生时代的那一页。

那里有白衣少年运动会上迈过终点的阳光热血，有娇羞女孩玩笑间不经意的青涩回眸。

而我远远算不上一个理想主义者，对于同学聚会，我想做的，只是和许久不见的老同学们聊一聊天，毫无戒备的那种。

可事实证明我还是太单纯。

整场同学聚会，从第一刻开始，就是一场觥筹交错的表演，官话、套话声不绝入耳，家境好的同学被捧得高高在上，家境差一点儿的同学被搁置在角落里。

我记得那天晚上我没少喝，而这场酒也灌“醒”了我。

大学毕业后的同学聚会，不过是名利场。

03

我们时常怀念学生时代的友谊，不是因为成年后就交不到朋友，而是因为步入社会后交的朋友，多多少少都会有一点儿利益上的往来。

并不是说有多么排斥为了利益而结交，只是路越走越远，我们在职场上开疆拓土、劈荆斩浪时，职场上的朋友却只在乎你的明天，并不关心你从哪里来，曾经的你怎么样。

这几年，网上流传着一种说法，叫作功利社交。它告诉人们，交朋友就是一种等价交换的行为，资源如果不对等，谈再多感情也没用。

一个你费劲口舌都谈不好的单子，可能你的老板一出面就搞定了，并不是你不行，而是你提供不了对方想要的东西。

在这个硝烟四起的社会中，同学聚会本应该是一方净土，是世外桃源。在同学聚会里，我们摘下面具，不用再去刻意伪装；我们笑得放肆一些，不用表现得那么像个大人；我们扮演的角色单纯一点儿，哪怕只是短短的几个小时。

而现实却恰好相反。同学聚会里，有富人，有领导，有打工的。有乘机抱大腿的，也有闷头玩儿手机的。

就是没有同学。

04

我们高中班主任很早就在学业上放弃了我们，他教历史，关于他讲的课，我已经忘光了。但在毕业聚餐上，他曾对我们说过的一段话，让我细思极恐："等你们再过十年就知道了，你们将来谁第一个自告奋勇地组织同学聚会，谁就是你们当中最有成就的。"

原来每一个走上社会的人，都明白了同学聚会的"现实意义"。只不过当时的我们年少无知，每天在教室里聚会，根本无法理解那些"现实意义"。

而我在参加了三次同学聚会后，终于明白，在我们毕业的那天，作为同学的这本书就已经被合上了。在往后的岁月里，有人试图打开沉睡的抽屉，擦去书角上的尘埃，想再重温一下往日的幸福，却再怎么也翻不回曾经的那一页。

所以，班长，对不起，今年的同学聚会我恐怕是不会去了。

相对翻开这本书，我更喜欢静静地看着它。

我想和你好好聊聊天，
你却只是在发表情

01

自从表情包开始泛滥以后，我才意识到，现在很多人已经到了不发表情就不会说话的地步。

不知道你有没有意识到，一件本来挺重要的事情，如果在聊天中加了表情，就根本认真不起来。

说实话，我现在越来越烦那些和我聊天中掺杂大量表情的人。

02

前几天我去北京参加了一个挺重要的考试，在考试前几天和两个朋友在群里聊起来，想问问他们对这个考试的一些想法。

没想到还不到三句，话题就被一个朋友的表情给带得跑偏了。

本来是一件挺严肃认真的事情，但在他的表情包的轰炸下，我好像就成了一个小丑一样费劲巴力地跑去外地考试。

于是，本来一个很值得进行深入讨论的问题，就这样演化成了一次斗图比赛。当然，你愿意和他斗图至少证明了你们的关系还不错。

但曾经，我们确实是能一起安静地聊聊天的。

那时我们有梦，关于文学，关于爱情，关于穿越世界的旅行。如今我们深夜发微信，手机里都是表情包胜利的尖叫声。

03

很多人说这是个娱乐至上的年代，所有话题、思想，如果不给它一点儿娱乐的基因，就很难被炒作，很难吸引流量。

从这个意义层面来讲，表情包完美地迎合了这波潮流。

“情侣秀恩爱包”“单位群点赞包”“可怜求安慰包”“秀智商下限包”……

相信我，靠着这些表情包，在各种社交群里，你一个字都不说，也能清晰地表达自己的态度。

所以很多人会讲，既然表情包能代替语言，干吗还要费尽口舌?！语言表达还有可能会词不达意，表情包干净利落，多好。

是的，如果表情包是动态的就更好了。你可以在面试词穷时，甩给面试官一个“你懂我”的表情；在给领导汇报工作时，拿出来一个“我能搞定”的表情；就算是在那些决定你命运的时刻，一个“这就尴尬了”的表情肯定也会让周围的人会心一笑，而忘掉你犯的错误有多么低级。

所有的这一切，你都说是娱乐至上，而我说，这是娱乐至死。

04

辩论大神黄执中说过一句话：

“现在的年轻人手机里有一大堆表情包，可是脸上却没有表情。”

听起来是不是很熟悉？是不是让你想起了另外一些人？他们的名字叫作“键盘侠”。

键盘侠习惯在网络上打抱不平，伸张正义。

而在现实生活中看到一个在路旁走失的小孩，因为自己上班要迟到，于是选择了漠视。

同样，那些在手机里滥用表情包的人，在现实中往往都吝啬于给出一个可以让人暖心的微笑。

是的，当键盘侠多轻松，只需要盘着腿坐到沙发上，嘴里填满了各种小吃就能做到。而表情包的发送则更为简单，只需要手指和屏幕互动，完全不需要面部表情的额外参与。

当然，我并没有绝对化地否定表情包，很多制作精良的表情包确实能像调味剂一样，让人们之间的对话多一份色彩。

可当一道菜里尽是调味剂时，这对于双方来讲，无疑就是一场灾难。

05

仔细想想，这些年，我们的通信方式不断升级，但似乎我们对于社交质量的要求却是越来越低。

开始，必须要见到真人面对面地认真聊天；后来，本来能各自在家里玩儿手机，非要见了面玩儿；现在，只要一聊天就是斗图，表情包轰炸。

仔细想想，其实这真的让人很心酸。

更加可怕的是，在这样一个快餐式消费占主导地位的年代，任何深入一点儿的思考都不免会被人觉得矫情。

你发一条信息量大一点儿的干货类微信朋友圈，远不如一张自拍照获得的点赞量多。甚至，人家会认为你不接地气，是在显摆。

于是“劣币驱逐良币”的现象发生了。那些本来想真正聊些东西的人因为害怕被指责于是选择沉默，假装自己什么都不知道。而那些每天被八卦、娱乐新闻洗脑的人因为不断地被认可和接受，所以更加肆无忌惮地轰炸你的微信朋友圈，轰炸你的聊天记录。

这让我想起了电影《肖申克的救赎》里的一段话：

“这些高墙还真有意思，一开始你恨它，然后你慢慢就会习惯它，等相当时间过去后，你还会依赖它。”

于是，我们终于变成了沉默的大多数，只有漫天的表情包和斗图在我们的四周飞扬。

06

节目《奇葩说》有一期的辩题是：

假设你生活在一个村庄里，某天早上醒来，发现村里的所有人都喝了井里的水变得意识错乱，颠倒黑白，只有你还保持着正常，那么你会不会喝这口水？

我特别欣赏姜思达的回答：“我们坚持的不是说我们认为我们一定对，而是认为我们心中认为的东西应该存在。”

来，让我们慢慢撕掉表情包，好好地聊一聊。

哪一瞬间，
你觉得他不爱你了

01

喜欢一个人是藏不住的，同理，不喜欢也一样。

上周末和一个在校的学弟聊天，说着说着他就哭了。

他告诉我说，以前他女朋友和他在一起时总是有聊不完的话题，每天在宿舍都要打电话到深夜，就是舍不得说那一句晚安。

“可最近她变了，变得开始和我很客气，发微信也多是‘好的’‘嗯’‘是的’这些词，她从来没提出分手，但我知道我们之间的一些东西变了。”

我没有过多地询问原因，只是回答了他一句：“她可能不爱你了。”

02

她不爱你了，早已表现得淋漓尽致，只是还没说出口。

美剧《我们这一天》里有一对夫妻，在外人眼里他们是幸福的，经济优越，有儿有女。但他们却选择了离婚。

女主角丽贝卡问这位妻子为什么要离婚，她说：“他没有出轨，他是个好人，过去十年的每个早上他早起醒来都会给我冲一杯咖啡，并亲吻一下我的额头，可最近三个月他没有一天这样做，我不知道我们之间哪里出了问题，但我知道他不爱我了，所以这样结束比较好。”

很多人心甘情愿地在爱情里做一个掩耳盗铃的傻子，以为自己只要再多付出一点儿，再多善良温柔一点儿，再多顺从听话一点儿，他就会爱上你。

过去我以为爱就要卑微到尘埃里，才能开出花来。到后来我知道了，耗尽心力等来的爱情从一开始就是不平等的。

张爱玲说："一个男人要是不爱你了，你哭是错，笑是错，死了也是错。"

其实，一个人不爱你了，而你还爱着他，是你最悲哀的时刻。

03

有人问，两个人在一起最怕的是什么？我觉得是一方的脚步跟不上另一方成长的步伐。一个人在飞速地成长，另一个人却还在原地踏步甚至倒退。

作家桌子说过一段话，我认为很有道理。

"当你已经爬上山顶，可你的伴侣还在山底徘徊，你是下去山底拉他上来，还是重新找一个已经在山顶能和你一起看日出的人？或许你可以下去拉他一次、两次，甚至三次，可慢慢你会感到太累太烦，尤其是他还拒绝跟你爬山。你发现自己和他越来越难沟通，你们的精神世界越来越难以匹配，这时候，你们的婚姻就走到了尽头。"

并不是成长更快的那个人就一定冷血，而是好的爱情本来就应该势均力敌。缺少有效的沟通，或者双方长时间不在一个频道，对伴侣和自己都是一种消耗。

而你们两人的感情像是一个存款账户，用心地交流、甜蜜地旅行、积极地为对方做事情就是在往这个账户里存钱，而争吵、冷战、互相伤害就是在对这个情感账户进行透支。

是的，没人会说自己十八岁时的爱情就一定都是儿戏，相反那时候的感情一定是纯粹的，可为什么你们分开了？真的只是因为性格不合？家庭环境不相符？

可能有一点儿吧，但我觉得更主要的原因是在漫长的时光里，你们经历了不同的人生境遇，走过了不同的路，读了不一样的书，认知和心态发生了剧变，回过头来才发现，原来自己和他竟然是那么地不搭。

所以，如果你爱对方，不要只会为他卑躬屈膝，也不要只会哄他开心，而是跟上对方的成长步伐，让自己真正配得上他。

04

说了这么多其实我只表明了两个观点：一是我从来不相信细节打败爱情，但他还爱不爱你都藏在细节里；二是不要天真地以为靠感动能得来真正的爱情。

但我还想说的是，即使有一天你已经明确知道对方不爱你了，那也不是世界末日，不要把自己的幸福感全都交给对方，当全世界都与你为敌时，你要记得你还可以好好爱自己。

《欲望都市》里萨曼莎在与杰森分手时对他讲：“I love you，but I love me more.”我爱你，可我更爱坐在你对面的那个自己。

冬天来了，即使没人提醒，你也要记得多给自己加一件衣服，不要喝凉水，早上要记得吃早点，否则很伤胃，不要害怕一个人的孤独，总有一天你会怀念它。

新一季《奇葩说》里有一个辩题，说的是如果有一个遥控器，在输入对方的名字后就能让你知道你的伴侣有多爱你，你选择按还是不按。

肖骁的一段话令人泪目：“我会选择按那个按钮，但我会把自己的名字输进去。当里面的分数低于三十分的时候，奖励自己一次刷爆卡的旅行；六十分的时候，你给自己一顿不用计较后果的宵夜；九十分的时候，你可能只需要一管口红……当有一天这个上面的数字达到一百分的时候，你需要什么？”

你什么都不需要了。

好朋友为什么
会逐渐疏远

01

每次参加同学聚会，其实最尴尬的不是去见那些本来就不熟的同学。因为你和这些人本来就没什么感情，所以，互相寒暄几句，问问近况、装装样子就行。

最尴尬的是面对那些曾经关系特别好的，如今却断了联系的人。

“最近过得咋样？”

“找对象了没有？”

“工作忙不忙？”

这些对话，本不应该出现在你们之间。

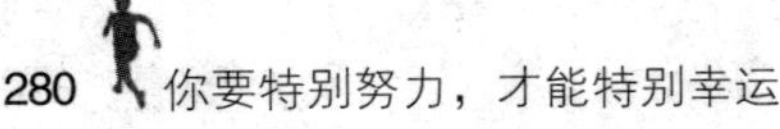

02

好朋友为什么会逐渐疏远？

问这个问题之前，不如先问问自己，为什么当初你们会成为好朋友。

上大学时，大多数同学都是异乡人，所以遇到一个地方的就会觉得特别亲切。

于是，我和他就自然地处成了好友。那时可以说形影不离，我们一起吃饭、打球、逛街。放假一起回家，然后再一起回来，毕业时，我们笑着和对方说，兄弟是一辈子的，虽然毕业了，但以后还是可以经常见面。

那时候不会想到，一辈子的朋友，也许到了毕业，就是尽头了。

毕业后的第一年，我们还经常出来吃饭，但说话却慢慢从无话不谈变为尬聊。

大学毕业后，离开象牙塔进入社会，因为个体差异而产生的变化也越来越明显。我喜欢读书，他喜欢逛酒吧、去歌厅唱歌；我喜欢人数较少的社交，而他喜欢成群结队；我相信知识改变命运，他则热衷于权力的游戏。

于是，我们渐行渐远。

无他，并没有好或是坏的差别，只不过是两个人走向了两条截然不同的道路，各自奔向人生的下一段旅程。

只不过，在某些时候还是会想起当年的促膝长谈，把酒言欢。

就像陈奕迅在《最佳损友》中唱的："为何旧知己，在最后变不到老友，来年陌生的，是昨日最亲的某某。"

03

张爱玲曾与炎樱十分要好，两人几乎要被怀疑是同性恋。胡兰成与张爱玲结婚时，炎樱还是他们的证婚人。

可惜，时间仍然冲淡了这一切。年长后，她们逐渐疏离，后来断交，几乎老死不相往来。

炎樱曾在信里问："为什么莫名其妙不再理我？"

张爱玲说："我不喜欢一个人和我老是聊几十年前

的事，好像我是个死人一样。”

这让我想起去年过年时的一次同学聚会，桌子上，也有不少曾经的好友，可现在能聊的话题也只剩上学时的那些陈年旧事。

散场后，我们留下了对方的微信与手机号，互相寒暄着好不容易才把伙伴找回来，以后一定要常常联系。

然而，一年过去了，那些名字与号码从未在我的手机响起。

04

在《亲爱的安德烈》里，龙应台对儿子说：“人生，其实像一条从宽阔的平原走进森林的路。在平原上同伴可以结伙而行，欢乐地前推后挤、相濡以沫；一旦进入森林，草丛和荆棘挡路，情形就变了，各人专心走各人的路，寻找各人的方向。那推推挤挤同唱同乐的群体情感，那无忧无虑无猜忌的同僚深情，在人的一生之中也只有少年期有。”

所以后来，我也不会再去傻乎乎地问对方：“怎么咱俩当时那么好，后来就失去联系，疏远了呢？”

每个人的交际范围就那么大，有些人来，也就意味着有些人走，强拉着对方不放，说不定连最后的那点儿回忆都抹掉了。

对于前文中提到的那位朋友，我还是要感谢他，感谢他在最孤独的岁月里陪伴我，即使有一天我们形同路人，但有些东西安放在那里，谁也拿不走。

是的，有的人只能陪你走一段路，迟早都是要离开的。

05

好朋友为什么会渐行渐远？还有一个原因，很多人把朋友看成是自己倾诉的对象。

我身边也曾有这样的朋友。开始时，他找我聊天说自己最近的烦心事，我还感觉他是因为信任我才对我讲，于是就细心聆听，耐心解答，可到后来我发现，不管是在电话上还是实际见面，这位朋友一直都在向我吐苦水。

“前段时间感情受挫了。”

“单位没人性。”

“家里又是一堆破事儿。”

再后来，这位朋友再打来电话，聊几句，我就找借口挂掉了。否则，我又要吸收一堆满满的负能量。

久而久之，这位朋友也大概明白了我的想法，也就慢慢与我断了联系。

朋友，是要结伴同行、共同前进的，抱团取暖无可厚非，但冬天过去了，你还是坐在原地不走，谁能一直等你？

我们要的是真正的朋友，而不是一个仅仅把你当成情绪垃圾桶的人。

06

有些人认为朋友就是无论自己贫穷还是富贵，平庸还是优秀，都永远站在自己身后的人。

有些人抱怨自己曾经的朋友发达了，却忘恩负义不拉自己一把。

有些人说：“苟富贵，勿相忘。”

但真正的朋友应该是彼此支持，旗鼓相当。

当然，或许我们穷尽一生都遇见不了子期，遇见不了莱纳德。

可如若有幸遇到，也请你问问自己，对于那些明亮的人，你是否有与之相匹配的分量？你是否有能力成为其终生的至交，而不是廉价的信徒。

大学毕业后，你们都过得怎么样

01

大学毕业的第四年，现在的你，过得怎么样？

大学毕业四年，你是不是已经慢慢褪去了身上的学生气，在日复一日的工作中来回奔波着？

你是已经小有成就，还是依然迷茫着，在人海中拼命地攀爬，找寻着未来的方向？

曾经那些你爱的人，爱你的人，他们在你身边吗？是决定一起走向白头，还是早已曲终人散？

曾经热爱的东西，是否还令你着迷？你已经被生活磨光了棱角，还是只是表面上心如止水，实际上内心仍藏着万丈波澜？

大学毕业四年后，你，过得可还好？

02

大学的时候抱怨宿舍太挤，食堂的饭难吃，篮球场没有夜灯，放三天的小假也要着急回家。

那时候总是想着怎么还不毕业，大学念得早已腻烦，想去社会上认识更多的人，学更多的东西，赚更多的钱。

在学校的时候，往往是少年不识愁滋味，每天睡到自然醒，然后去上网、打球，晚上躺在床上却感慨生活的无奈与艰辛。

“生活是只有当下如此艰难，还是一直如此？”

“只会更难。”

于是直到毕了业才发现，七元一顿的午餐和随处可见的二十多岁的姑娘，真的只有大学才有。

毕业了才发现，我们终于能在曾经梦寐以求的室内篮球馆打球，但身边曾一起并肩作战的兄弟却不见了。

毕业了才发现，社会没有你想象的那么简单。在学校遇到不知道的事情，老师会毫无保留地教你，而社会不是这样的，你只能付出相应的代价，在血与泪中摸爬滚打。

想起毕业那天的场景，我停在门口回头看了眼空旷的宿舍，我知道在此之后还有很多人会住在这儿，产生不同的交集，但属于我们的青春和故事，却永远留在了那里。

03

我一直很喜欢《杀鹌鹑的少女》里的一段话。

“当你老了，回顾一生，就会发觉：什么时候出国读书，什么时候决定做第一份职业，何时选定了对象而恋爱，什么时候结婚，其实都是命运的巨变。只是当时站在三岔路口，眼见风云千樯，你做出抉择的那一日，在日记上，相当沉闷和平凡，当时还以为是生命中普通的一天。”

这两天最大的零零后就要参加高考，在这个时间节点，他们一定会和当年的我们一样，认为高考就是人生中最最重要的事情。

其实我想说，以现在百分之八十的高考录取率来说，考上大学早已经不是一件难事，对于大多数人来讲，只要你还愿意读书就肯定能上大学。

回头再看，高考并不能决定谁的命运，但确实是一个分水岭和十字路口。高考过后，你去哪儿读书，遇到谁，和谁做朋友，和谁相爱、分手、结婚，往往都是在这一刹那就已经被注定了的。只不过在那个夏天，某个慵懒的下午，你坐在冷饮店喝着汽水，还以为是生命中最平凡的一天。

没错，高考的魅力并不在于如愿以偿，而是阴差阳错。

04

“五一”放假的时候，我去外地参加大学舍友的婚礼，同宿舍的另外几个舍友也都悉数到来。

平时的我其实是一个不太爱说话的人，也没有什么不良嗜好，平生最喜欢干的事儿只有三件：打球，看球，聊球。

大学毕业后，我找不着伙伴打球，于是现在喜欢干的事儿也只剩后两件了。

参加婚礼的这两天，我算是明白了什么是“道不同不相为谋”。我们几个人对于工作、事业、家庭的事情一句都没说，就说球，聊 NBA，打牌到深夜。那些旧的话题，大家都没忘，互相还能接得住。

开心极了。

是的，我知道大学回不去了。说得悲观点儿、伤感点儿，能像那两天一样把大伙儿都凑在一起的机会，余生扳着手指头也数得过来，并不是路太远见不着，更多的是因为我们的角色在变，身边的人也在变。

大学这场梦，在大四毕业的那一天就已经醒了，将来的路无论怎样，都要靠自己打拼，就把大学的时光留在那里吧。

“迷失的人迷失了，相逢的人会再相逢。”

05

再有一个星期世界杯又要开始了，四年前我们在宿舍，连着卡成幻灯片的无线网络挤在一起看球，如今四年过去了，那份激情与梦想还在吗？

愿你今后的四年、四十年，不卑不亢不自叹，一生热爱不遗憾，愿你始终有初心模样，不曾变。

后来我们什么都有了，就是没有了我们

01

北方冬天的性子总是格外着急，恨不得跨过秋天直接呼啸而来。

上周末晚上开车回家的路上，在等红绿灯时，看到了几个穿着我母校校服的高中生骑着电动车，一路上说说笑笑。

彼时，我也和他们一样，有几个每天结伴而行的伙伴，在每个下了晚自习的冬夜骑着小破电动车缓缓回家。

那个时候的快乐似乎很简单：空出一节自习去书店看

书，体育课占到了一个有篮网的篮球场，喜欢的女生今天主动和自己说了两句话。

当然那个时候的烦恼也不少，其中一个就是，我必须在某个冰天雪地的清晨，脚蹬着我那辆该死的电瓶再次坏掉的电动车前去学校。

现在看来，那时候无论快乐还是烦恼都很简单。

02

这一两年自己身边的很多朋友都慢慢成家，大家都开始有了各自的生活，当然，这也意味着很多人无法再像过去那样，无论风吹雨打，一个电话就随叫随到。

无他，成年人的世界永远不会像《生活大爆炸》里那样，最爱的人住在隔壁，好朋友常伴身边。相反，成年人每天都在做选择，在爱情和友情偶尔产生冲突时，绝大多数时刻，友情是会被放弃的机会成本。

记得去年这时候去外地参加一个大学同学的婚礼，宴会散场后，我们几个人坐在一起聊天，说着说着就热泪盈眶了。倒不是生活过得不好，只是说起过往的那些时光如烟般消散，再好的宴席也终有散场的时候，不禁会对往昔产生感慨。

想想看，从小学到大学，每一次毕业都意味着你要面对一回命运的十字路口，很多时候左右我们的东西的力量过于强大，不是我们想分开，而是不得不分开。

是的，有的人只能陪你走一段路，或短或长，走过了这段路，他们就成为过去了。除了你自己，谁又能由始至终陪你走完这条路？

03

多年以前看过一部叫《人生遥控器》的电影。电影中的男主角忍受不了生活当中的琐碎与苟且，于是按下了能够使人生快进的遥控器。从此，他的人生支离破碎，确实再没有了琐碎，但同时也失去了那些单纯的美好和令人心旷神怡的瞬间。我们看着他匆匆地走完一生，只留下了无尽的扼腕叹息。

就像我们念书的时候，少年不识愁滋味，以为当下的烦恼就是人生的最低谷。我们痛恨冬天没有暖气的宿舍，抱怨身边的同学不够优秀，厌倦从教室到食堂的距离只能骑自行车走。我们期盼着早点儿毕业，期盼着有一天自己挣钱了，能过上朝九晚五，有车有房的日子。

那时候我们以为虽然世界很大，但山长路远，即使与身边的人分开了也总会在不经意间再相逢。

直到后来我才明白，那时候的我们太年少了，并不懂得人和人的缘分其实细若游丝。

04

高晓松曾在《鲁豫有约》节目中用吉他弹唱《恋恋风尘》，他说："当人慢慢地变老再回头去看那些年轻时写的歌，都会觉得非常幼稚，但唯有这首歌尤其最后两句能说出我们很多人的心声。"

"我相信爱的年纪，没能唱给你的歌曲，让我一生中常常追忆。"

有的人说一个人越是长大就会越不相信爱情甚至友情。其实在我看来，并不是每个出走半生的少年最终都会变得油腻，而是因为曾经陪你走过青葱岁月，那些经历和时光再也无法被复制，它便成为你的独家记忆。

电视剧里说，青春就是用来怀念的，可我已慢慢分不清我到底怀念的是那段短暂的时光还是那些渐渐模糊的人。

05

2020 年，最小的零零后也已经二十岁了，而像我们这些九十年代初的人，终于要在哭闹的不情愿中走向三十岁的门槛。NBA 里常常调侃年过三十的球员为“三旬老汉”。很多人会抱怨，自己还没玩儿够呢，自己还没长大呢，怎么去迎接呼啸而来的三十岁啊?!

当然，这都是在开玩笑，是不是三十岁哪有那么重要?而时间仅仅就是个刻度而已，它提醒着我们，你要做时间的朋友，但时间也会慢慢地帮你忘掉一些往事和故人。

但这又如何，就像朴树在《那些花儿》里唱的：“有些故事还没讲完那就算了吧，好在曾经拥有你们的春秋和冬夏。”